微软技术开发者丛书

.NET Core 2.0 应用程序高级调试

完全掌握 Linux、macOS 和 Windows 跨平台调试技术

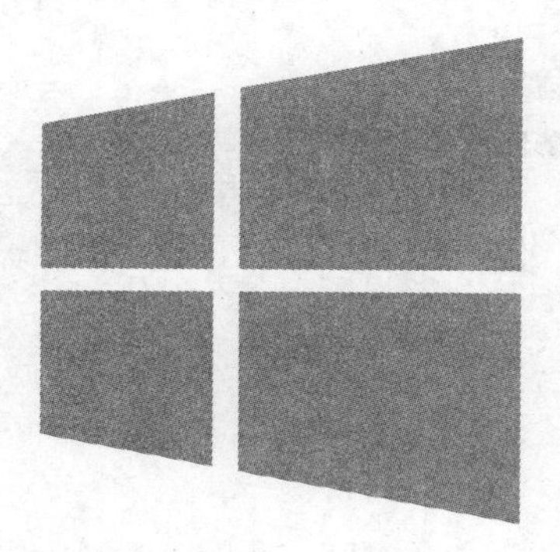

Be an Expert in .NET Core Debugging on Linux, macOS and Windows

李争 编著
Li Zheng

清華大学出版社
北京

内 容 简 介

随着.NET Core 开源和跨平台的特性逐渐被广大开发者熟知和接受，有越来越多的.NET 应用从 Windows 平台向 Linux 平台进行迁移，有越来越多的开发者在 Linux 或者 macOS 操作系统上开发.NET 应用。同时，这也给之前只熟悉在 Windows 平台上开发.NET 应用的开发者带来了一系列挑战。怎样在 Linux 和 macOS 操作系统上有效地使用工具对.NET Core 应用程序进行调试，找出程序中隐藏的代码错误和内存中的问题成为保障应用程序在 Linux 和 macOS 上平稳运行的重要课题。本书从.NET Core 概念、.NET Core 相关工具、调试器选择、调试命令介绍和多线程、内存调试实践等多个环节对.NET Core 在 Linux、macOS 和 Windows 三个操作系统上如何进行调试做了详尽的介绍。内容包括.NET Core 基础知识、.NET Core 的编译、.NET Core 命令行工具、调试环境的配置、调试器的基本命令、.NET 基本调试命令、多线程、async 和 await、内存和垃圾收集等，分 9 章全面地阐述了.NET Core 跨平台调试技术。

图书在版编目(CIP)数据

.NET Core 2.0 应用程序高级调试：完全掌握 Linux、macOS 和 Windows 跨平台调试技术/李争编著.—北京：清华大学出版社，2018
(微软技术开发者丛书)
ISBN 978-7-302-50533-4

Ⅰ.①N…　Ⅱ.①李…　Ⅲ.①网页制作工具—程序设计　Ⅳ.①TP393.092.2

中国版本图书馆 CIP 数据核字(2018)第 139397 号

责任编辑：盛东亮
封面设计：李召霞
责任校对：李建庄
责任印制：沈　露

出版发行：清华大学出版社
网　　址：http://www.tup.com.cn，http://www.wqbook.com
地　　址：北京清华大学学研大厦 A 座　　**邮　　编**：100084
社 总 机：010-62770175　　**邮　　购**：010-62786544
投稿与读者服务：010-62776969，c-service@tup.tsinghua.edu.cn
质量反馈：010-62772015，zhiliang@tup.tsinghua.edu.cn
课件下载：http://www.tup.com.cn，010-62795954
印 装 者：北京国马印刷厂
经　　销：全国新华书店
开　　本：186mm×240mm　　**印　　张**：11.5　　**字　　数**：260 千字
版　　次：2018 年 9 月第 1 版　　**印　　次**：2018 年 9 月第 1 次印刷
定　　价：59.00 元

产品编号：079444-01

丛书序
FOREWORD

四十不惑创新不止

从飞鸽传书到指尖沟通，从钻木取火到核能发电，从日行千里到探索太空……曾经遥不可及的梦想如今已经变为现实，有些甚至超出了人们的想象，而所有这一切都离不开科技创新的力量。

对于微软而言，创新是我们的灵魂，是我们矢志不渝的信仰。不断变革的操作系统，日益完善的办公软件，预见未来的领先科技……40 年来，在创新精神的指引下，我们取得了辉煌的成绩，引领了高科技领域的突破性发展。

IT 行业不墨守成规，只尊重创新。过往的成就不能代表未来的成功，我们将继续砥砺前行。如果说，以往诸如个人计算机、平板电脑、手机和可穿戴设备的发明大都是可见的，那么，在我看来，未来的创新和突破将会是无形的。"隐形计算"就是微软的下一个大事件。让计算归于"无形"，让技术服务于生活，是微软现在及未来的重要研发方向之一。

当计算来到云端后，便隐于无形，能力却变得更加强大；当机器学习足够先进，人们在尽享科技带来的便利的同时却觉察不到计算过程的存在；当我们只需通过声音、手势就可以与周边环境进行交互，计算机也将从人们的视线中消失。正如著名科幻作家亚瑟·查尔斯·克拉克所说："真正先进的技术，看上去都与魔法无异。"

技术是通往未来的钥匙，要实现"隐形计算"，人工智能技术在这其中起着关键作用。近几年，得益于大数据、云计算、精准算法、深度学习等技术取得的进展，人工智能研究已经发展到现在的感知，甚至认知阶段。未来，要实现真正的人机互动、个性化的情感沟通，计算机视觉、语音识别、自然语言都将是人工智能领域进一步发展的突破口及热门的研究方向。2015 年 7 月发布的 Windows 10 是微软在创新路上写下的完美注脚。作为史上第一个真正意义上跨设备的统一平台，Windows 10 为用户带来了无缝衔接的使用体验，而智能人工助理 Cortana、Windows Hello 生物识别技术的加入，让人机交互进入了一个新层次。Windows 10 也是历史上最好的 Windows，最有中国印记的 Windows，不但有针对中国本土的大量优化，还会有海量的中国应用。Windows 10 是一个具有里程碑意义的跨时代产品，更是微软崇尚创新的具体体现，这种精神渗透在每一个微软员工的血液之中，激励着我们

"予力全球每一人、每一组织成就不凡"。

四十不惑的微软对前方的创新之路看得更加清晰，走得也更加坚定。希望这套丛书不仅成为新时代之下微软前行的见证，也能够助中国的开发者一臂之力，共同繁荣我们的生态系统，绽放更多精彩的应用，成就属于自己的不凡。

沈向洋

微软全球执行副总裁

推荐序
FOREWORD

.NET“刷新时刻”

.NET 自从 2002 年诞生以来，已经成为世界领先的桌面和 Web 开发框架。目前世界上有超过 10 万个的 Web 网站使用.NET 作为网站开发框架。从全球范围来看，使用 ASP.NET 技术开发的 Web 网站远远大于用 Java、Python、Ruby、Node.js 和 Go 等语言开发的 Web 网站数量。

在 2014 年 11 月，我们让.NET 开源并运行在所有如 macOS、Linux 等主流操作系统上。这是我们对.NET 生态系统进行“刷新”的时刻。我们已经创建了针对企业级应用程序进行云优的.NET Core 模块。我们在 Github 上为.NET 创建了一个充满活力的社区。在中国，我们已经看到腾讯和网易等公司将.NET Core 应用于支付和游戏等关键工作任务之中。

我们听到了成千上万希望学习.NET 的新开发人员对更好的学习资料的强烈需求。我要感谢李争花时间写了一本好书，帮助中国的开发者利用.NET Core 构建应用。

我们期待听到您对我们产品的反馈。我们迫不及待地想知道您使用.NET Core 构建了怎样的应用。

潘正磊 (Julia Liuson)女士
微软公司全球资深副总裁

.NET “hit refresh”

Since its original inception in 2002, .NET has become one of the most popular framework for desktop and web worldwide. It's the platform of choice of the top one hundred thousand websites worldwide, you will find more websites developed with ASP.NET than Java, Python, Ruby, Node.js and Go combined.

In Nov 2014, we made .NET open source and run on all operating systems, eg Mac, Linux etc. This was the moment when we “hit refresh” on .NET ecosystem. We have created .NET core which is modular and cloud optimized for enterprises who are interested in developing cloud native applications. We have created a vibrant community for . NET on Github. In China，we have seen adoption from companies like Tencent and NetEase targeting critical workload like payment and gaming.

We have heard strong demands about better learning materials from hundreds of thousands of new developers wanting to learn . NET. I want to thank Michael for taking the time and writing a great book that would help our developers in China building on . NET core.

We look forward to hear your feedback on our product. We can't wait to see what you build with . NET core.

Julia Liuson

前言

PREFACE

不知不觉，.NET Core 已经开源三年多了。在这三年多的时间里，我作为一个亲历者，经历了.NET Core 从 1.0 到 2.0 的涅槃。这几年，也是我个人转型为一名微软技术布道师(Evangelist)的重要时期。

作为一名 24 年前第一次接触计算机就使用微软产品的我来说，微软这三年带来的变化对我的影响真是太大了！开源和云计算除了让微软的股价翻了两番以外，也让我走上了学习和了解开源世界的道路。开源为我打开了世界的另一扇门，让我了解到传统企业软件以外的广阔世界。开源真的彻底改变了我的思维。以前，写一个客户端应用，我会直接打开 Visual Studio；现在，我会考虑清楚用哪种技术才能同时支持 Windows、Linux 和 macOS 三个操作系统平台，再去动手开发。你能想象吗？这本书的全部内容就是我在一台苹果笔记本上创作的，书稿的版本管理是通过 Git 和 Visual Studio Online 来实现的。

当然，作为一名 Windows 平台的开发者，向开源世界转型也并不是轻松的。为此，我专门买了一台 Macbook Pro。在工作和业余时间强迫自己去适应它，去熟悉开源世界的那些常用工具，在开发过程中体会 Visual Studio Code 的轻便快捷。在这个过程中也积累了一些经验，我的这本书就是我在开源世界工作经验的一部分总结。

.NET Core 作为.NET Framework 的一个开源世界的变体，与.NET Framework 既有千丝万缕的联系，又有很大的区别。一方面.NET Core 的大部分代码都来自.NET Framework，另一方面.NET Core 还要处理好.NET Framework 不曾面对的跨平台、自包含等新问题的挑战。在使用.NET Core 开发的过程中，我发现有很多的待解决问题。于是，我决定用我的这本书将它们总结出来分享给广大.NET 开发者，让他们在使用.NET Core 开发应用程序时少走一些弯路。

这本书集成了我在微软作为开发方向原厂支持工程师(PFE)时的应用程序调试和调优的经验，同时也融合了我在 Linux 平台上的使用经验。通过本书，我将向大家介绍如何在 Linux 的各个发行版本以及 Windows 上利用调试器对.NET Core 应用程序进行调试的技术和技巧。因为.NET Core 要想在生产环境上大规模地使用，必须有强大的应用程序调试技术作为保证，以便快速定位问题和解决问题。

通过长达一年时间的写作和对.NET Core 问题状态的追踪和分析，现在我真的认为是时候把应用程序迁移到.NET Core 上了！

本书包含哪些内容

本书系统论述了.NET Core 的相关概念、编译方法、命令行工具使用方法、调试环境搭建、调试器基本使用方法、.NET Core 调试扩展基本使用方法、.NET Core 多线程应用程序调试,以及.NET Core 内存管理垃圾收集器等相关知识。本书全面详尽地阐述了.NET Core 源代码获取、编译、调试的全方位技术,你需要知道的.NET Core 技术、.NET Core 的编译、.NET Core 命令行工具的使用、调试环境的配置、调试器的基本命令、.NET 调试基本命令、多线程、async 和 await、内存和垃圾收集等内容。

如何高效地阅读本书

本书从读者角度出发,章节由浅入深,从.NET Core 常见问题讲起,直到最后综合运用各种工具对.NET Core 应用程序高级排错。因此,建议读者从头至尾顺序阅读。如果读者具有丰富的 Linux 使用经验,也可以忽略其中一些简单的章节。

本书适合哪些读者

本书适合使用.NET Core 技术进行应用程序开发的相关开发人员,也适合于希望深入了解和学习.NET Core 平台的读者。

致谢

首先,我要感谢我的家人和我可爱的女儿。因为我在写书稿时严重占用了和她们在一起休闲的时间。其次,要感谢我敬爱的老板崔宏禹老师,以及认真负责的责任编辑盛东亮,这是我们合作的第三本书了。最后我还要感谢我心里爱着的那个人,你是我创作的原动力。

由于作者水平有限,.NET Core 跨平台相关知识涉及广泛,书中难免存在疏漏和不妥之处,敬请广大读者批评指正。

书中样例代码

为了详尽描述调试的整个过程,突出一些要调试的现象,书中涉及了许多.NET Core 代码工程。这些代码都是使用 Visual Studio Code 针对.NET Core 2.0 进行编写,源代码下载地址:

https://github.com/micli/netcoredebugging

以上源代码都可以在.NET Core 2.0 环境的支持下,运行在 Windows、Linux 和 macOS 操作系统上。

书中特殊约定

为了直观,书中与操作系统相关的命令都通过操作系统对应的商标来标识,代表这些命令在对应的操作系统下测试通过。因 Linux 发行版本众多,不同发行版本的 Linux 部分命令可能略有差异。因作者精力有限,仅能覆盖 CentOS/Red Hat 和 Debian/Ubuntu 等最流行的两组发行版本,望读者见谅。

(1) 代表 Debian 8.0 或者 Ubuntu 操作系统;

(2) 代表 CentOS 7.0 或者 Red Hat 操作系统;

(3) 代表 Windows 8.1、10、Server 2008/2012/2016 系列操作系统；

(4) MacOS代表 macOS Sierra 系列操作系统。

在书中配有大量的 Shell 命令、C＃代码和调试器指令以及为了说明调试输出的图片。书中的命令是指用户与操作系统 Shell 之间交互时输入的命令；代码是指经过编译，可以运行在.NET Core 2.0 上的 C＃语言源代码；调试是指调试者与 Windbg 或者 LLDB 调试器之间交互时输入的调试指令。请读者在阅读时加以区分。

编著者

2018 年 8 月

赞誉

微软开发工具解决方案技术专家　庄俊乾

很荣幸接到李争的邀请，给《.NET Core 2.0 应用程序高级调试——完全掌握 Linux、macOS 和 Windows 跨平台调试技术》一书写一个短评。在写之前，我想先说说李争。李争是微软公司老兵，从 MVP 到 MCS，然后是 DX，最后是 OCP 。十几年，也是弹指一挥间，李争的工作角色变化很大，但他始终没有放下技术，每天用 Visual Studio 还是比 Office 多。在一个喧哗的时代，听从自己的内心，坚守自我，始终不断要求自己，持续进步，这很难得。平时上班，李争永远来得比我早，做实验，理头绪，写书。两年内，李争写了三本技术书籍。大家知道，.NET Core 含着微软公司金钥匙出生，却也必须经历一个新产品的不断实践、不断优化的过程。所以，在.NET Core 的持续优化过程中，要出版一本.NET Core 的核心书籍，也必须经过多次内容迭代、持续优化的过程。李争是几易其稿，其口头禅是"我又掉坑了""我爬出来了"，其中之艰辛，其人之坚韧，可想而知。

.NET Core 2.0 以后，实现了大部分的.NET Standard 接口，功能也愈加稳定和完善。"纸上得来终觉浅，绝知此事要躬行"，推荐大家参考这本新书，并不断实践、思考、充实自己！

腾讯高级工程师　张善友

.NET Core 已经经历了从 1.0 到 2.0 的涅槃，然而还是有很多人怀疑.NET Core 的成熟性。李争这本《.NET Core 2.0 应用程序高级调试——完全掌握 Linux、macOS 和 Windows 跨平台调试技术》向各位传递了一个非常重要的信息：.NET Core 已经成熟，是时候把应用程序迁移到.NET Core 上了，.NET Core 2.0 已经具备强大的应用程序调试技术，保障我们在生产环境上出现问题时快速定位和解决问题。

特来电首席科学家　鞠强

很多问题不会随着时间的推移而自动消失。

以前用 C++写就的代码，会出现莫名的崩溃(crash)、停止响应(hang)、内存暴涨，让人欲哭无泪。没有 cdb/Windbg 以及后来的 DebugDiag 等神器，大部分应用还在黑暗中踯躅，直到无法再用，只能重启。.NET 时代，有了 SOS，对于托管代码的调试、托管堆的分析，增加了极大的便利性。到了新时代，微软公司拥抱了 Linux，.NET Core 横空出世。.NET Core 2.0 已经发布了，整个框架日趋成熟和稳定。在.NET Core 时代，对于.NET 调试新手，内存问题、CPU 问题依然存在，怎么去分析，如何去解决？对于调试"老鸟"，需要重新学习哪些基础知识，掌握哪些调试技能？这么多文章，那么多技巧，该怎么把它们变成自己的？

李争的这本书，从 CLR 基本原理开始讲起，通过翔实的文字图表、经典的案例分析，完整地讲述了.NET Core 的调试过程。系统地阅读与学习本书后，读者能掌握.NET Core 基本原理及相关的调试思路和技能。当读者了解了底层运行框架的本质，就能在以后面对各种生产环境中的问题时保持清醒，不再迷茫，按照正确的逻辑去寻找关键点，最终找到问题的解决方案。

智捷课堂 CEO/著名畅销书专家　关东升

随着移动互联网的发展，跨平台开发的需求越来越多，微软公司推出的.NET Core 顺应了这个需求。经过从.NET Core 1.0 到.NET Core 2.0 的发展，.NET Core 越来越成熟，用户也越来越多，很多开发人员又重新回到.NET 平台开发产品。因此开发人员急需介绍.NET Core 2.0 技术的图书。李争所编著的《.NET Core 2.0 应用程序高级调试——完全掌握 Linux、macOS 和 Windows 跨平台调试技术》一书的出版，恰逢时机。本书从理论到实践，由浅入深系统地介绍了.NET Core 编译、命令行工具、调试环境、async、await，以及内存和垃圾收集等内容，是.NET Core 开发的必备图书。

微软云计算事业部资深项目经理/《Windows 用户态程序高效排错》作者　熊力

本书可以让读者"体验快速定位问题的快感，享受精确解决问题的愉悦！"同时，参考本书介绍的工作方法，有助于提高工作效率，让领导满意，让公司盈利，让同事敬佩！可以说，《.NET Core 2.0 应用程序高级调试——完全掌握 Linux、macOS 和 Windows 跨平台调试技术》是一本涵盖 Windows 和 Linux 运维实战技巧的必备宝典！

目录
CONTENTS

第1章

.NET Core 基础知识

你可曾想过每一笔的微信支付，身后都有.NET Core 的功劳吗？每秒钟几千笔的交易支付，.NET Core 处理起来从容不迫。高性能、跨平台和开源已经成为.NET Core 的标签。.NET Core 自推出以来，得到了无数.NET 开发者的关注。本章将对.NET Core 以及相关概念、工具做简要阐述。

1.1 .NET Core 到底是什么

最近.NET 领域的名词是越来越多了。.NET Framework、.NET Standard 以及.NET Core 等不一而足。因此非常有必要了解清楚.NET 技术领域中的一些重要的名词和概念。

概括地说，.NET Core 是一种小型的、高效的，可以通过文件复制直接部署的跨平台框架。由于.NET Core 的开放性，使用.NET Core 构建的应用程序既可以是框架相关的，也可以是框架独立的。

其实广大开发者非常关注.NET Core 的真正原因，主要有两个：一是.NET Core 自身开源，并鼓励更多的.NET 项目开源；另一个是.NET Core 支持跨平台特性，可以在Windows、Linux 的多个发行版本、macOS 和 UNIX 上运行。下面介绍.NET Core 的主要特性。

1.1.1 从软件许可协议说开源

由微软牵头组建的.NET 基金会(.NET Foundation http：//dotnetfoundation.org/)的重要资产就是.NET Core 的源代码以及.NET Core 周边的一些开源项目。与其他开源基金会显著不同的是，.NET Foundation 基金会的开源项目基本上都遵循 MIT 许可协议。这使得.NET Core 的源代码具有极大的开放性和移植性。

当前开源软件世界有四个较为主流的软件许可协议。是的，开源软件也要尊重作者的知识产权。并不是开源了，代码就可以随意使用。这四个主流的许可协议分别是 GPL、Apache、BSD 和 MIT。

由于这四个许可协议的文本主要是由英语写成，中国的开发者对这些协议文本并不是非常了解。概括地说，GPL 的许可协议对开源软件的使用限制最为严格，并且具有极高的传染性。它的核心思想是让世界上的软件都开源分享。看起来很不错吧？但是它的传染性体现在：任何软件只要使用了 GPL 许可协议下的开源软件代码，这里的使用是指，引用 GPL 项目的库函数、修改源代码或者使用衍生后的源代码，那这个软件也就必须遵循 GPL 协议。也就是说，这个软件也必须免费和开源。这对商业软件就构成了极大的挑战。在中国走出去的战略下，如果一个商业软件公司使用了 GPL 开源软件作为其商业软件的一部分，那么在海外就有因为软件侵权而被告上法庭的风险。

后来，人们觉得 GPL 许可协议太严格了，社会对开源的认识水平与期望还有很大的差距。于是推出了另一个变体，也就是 LGPL 许可协议。LGPL 许可协议相较于 GPL 许可协议的重大变化是：商业软件如果仅仅是链接和引用 LGPL 许可协议下的软件，那么就无须开源。但是，如果对 LGPL 许可协议下的项目的源代码进行了修改再使用，那么软件还是要求必须开源和免费。

开源界另一个著名的许可协议是阿帕奇(Apache)协议，这是由阿帕奇基金会创立的软件许可协议，广泛地存在于 Apache 系列软件技术栈之中，大家熟知的 Spark、Storm 以及 Kafka 都是阿帕奇基金会旗下的开源软件项目。阿帕奇协议相比 GPL 软件许可协议来说就宽松了许多，主要是鼓励开源软件的使用者充分尊重软件的原作者。如果自己的软件中使用了阿帕奇软件许可协议下的软件，那么就必须在软件中充分注明阿帕奇软件许可协议以及该开源软件的作者信息。如果对阿帕奇系列软件进行了修改，那就必须在发布时进行专门的说明。对于使用阿帕奇开源项目的软件是否可以闭源的问题，阿帕奇软件许可是允许不开放源代码的。当然，这一切都是尊重原作者的前提之下，比如保留阿帕奇的版权声明。

其实最开放的软件许可协议是 BSD 和 MIT 协议。这两个协议鼓励开发者自由地使用、修改和发布开源软件的代码。只要在源代码文本中保留原作者的版权信息就好。截取代码的片段、完整地编译和使用 BSD 或者 MIT 协议下的开源软件都是允许的。BSD 协议还规定，如果对 BSD 协议下的软件进行源码修改再发布，则不得借用该项目原作者的名义进行宣传，估计是怕没改好毁名声吧。

.NET Core 全系列的开源项目都采用 MIT 开源软件许可协议，你猜得没错，这里的 MIT 就是那个麻省理工学院(Massachusetts Institute of Technology)的意思。因此.NET Core 可以被开发者近乎无限制地修改、移植并打包再发布。这才是.NET Core 可以跨平台的原动力。

1.1.2 构成.NET Core 的重要组件

其实现在通常所说的.NET Core 并不是一个开源项目，而是由多个开源项目构成的一个项目集。其核心是四个支柱项目：CoreCLR、CoreFx、CLI 和 Roslyn。

1. CoreCLR 项目介绍

CoreCLR 是最核心的部分，也就是.NET 公共语言运行时，对应到 Java 世界就是 JRE，就是 Java 虚拟机。CoreCLR 主要是用 C++写成，支持使用 MSC++、gcc 和 Clang 等编译器进行编译。

CoreCLR 项目是由.NET Framework 的 CLR 源代码迁移而来。结构与.NET Framework 基本保持一致。其中含有几个重要的组件：Class Loader、GC、JIT 和 Exception Handler 等。

Class Loader 负责把磁盘上编译过的中间语言代码段加载到内存中。.NET Core 中的所有引用类型都是通过 Class Loader 加载到内存中。

GC，即垃圾收集器(Garbage Collection)，是.NET Core 实现内存自动化管理的重要组件。GC 会一直关注内存的变化，在适当的时候启动并对内存中无效的对象执行销毁操作并随之进行内存整理。

JIT 是 Just-In-Time 的缩写，也就是即时编译器。JIT 平时负责把 Class Loader 装载到内存中的中间语言代码再进行一次编译，根据目前代码执行的路径、操作系统、硬件情况等编译出最适合当前计算机执行的高效汇编代码，是保障.NET Core 应用程序正确运行的重要组件。JIT 不是 C#语言的编译器，而是中间语言 IL 的编译器。

Exception Handler 的主要作用是处理.NET Core 代码在运行过程中产生的异常。如果开发者在代码可能发生异常的地方使用了 try-catch 段，那么 Exception Handler 会保证异常对被恰当的 catch 段处理。如果没有 catch 段的代码，Exception Handler 会把异常对象交给操作系统进行处理。

2. CoreFx 项目介绍

CoreFx 项目以前又被称为基础类库项目 BCL(Basic Class Library)。它完全由 C#语言写成，是.NET Core 可以提供给开发者的库函数项目。CoreFx 项目的绝大多数代码也由.NET Framework 的基础类库项目迁移而来。这种代码迁移不是简单的复制，而是针对.NET Core 跨平台的特性对 Linux、macOS 和 UNIX 做了大量的兼容性调整。

在 CoreFx 中为了兼容多个操作系统平台，C#的 partial 关键字得到了大量的应用。对于需要进行跨平台兼容的 CoreFx 类型，都是通过 partial 关键字来声明，将多平台公用的代码放在一个源代码文件中，具体某个操作系统相关的代码放在另一个平台相关的源代码文件中。通过 partial 关键字和条件编译的方法，避免了大量的适配器模式在源代码中的应用，也同时提升了 CoreFx 类库的执行效率。

CoreFx 类库同时也针对.NET Standard 标准做出了多方面的调整，.NET Core 开发团队的工程师重新审查了.NET Framework 类库中的类型以及它们所属的方法，为了兼容.NET Standard 标准进行了大量的修改。

3. CLI 项目介绍

CLI 是 Command-Line Interface 的缩写，这个项目是.NET Core 命令行工具项目。以

前的.NET Framework 专注于 Windows 平台。所以很多工具和使用场景在创建时根本没有考虑到对跨平台的支持。这包括一些工具是基于 Windows 32 GUI 的，无法支持 Linux 的文件系统和可执行文件格式 ELF 等。

在明确.NET Core 需要支持跨平台这一特性之后，以前在 Windows 上的工具全都要废弃重来。如何创建一个统一、高效，便于使用的.NET Core 工具来支持.NET Core 应用程序在多个操作系统上运行就成了一个非常迫切的需求。

设计这样一款工具是非常不容易的，反过来想，如果这很容易，也就不必单独创建一个很大的代码仓库了。另一个很有难度的地方是：.NET Core 编译生成的二进制到底是针对不同的操作系统生成不同的文件格式，还是统一的文件格式？最终，.NET Core 选择了后者。也就是说，无论是 Windows 还是 Linux，.NET Core 编译出来的二进制文件都是以.dll 为扩展名的 PE 格式文件。这就意味着.NET Core 需要提供一个容器，来保证在所有操作系统平台上都可以加载 PE 格式的.dll 文件。

CLI 项目在.NET 的早期也是几经周折，先是多个工具，开发语言也不统一。逐渐地，在.NET Core 2.0 预览版中 CLI 项目的大概样子才固定了下来：创建了一个集项目文件管理、项目构建和代码运行的容器等功能于一身的，名为 dotnet 的命令行工具。

目前与.NET Core 交互的所有操作都需要通过 dotnet 命令行工具来实现。

4. Roslyn 项目介绍

Roslyn 是微软为了更好地支持.NET 上的高级编程语言而创建的新一代语言编译器。Roslyn 并不是仅仅支持 C＃，VB.NET 和 F＃也同时支持。Roslyn 其实是被微软定义为下一代编译平台，而不再只是编译器。因为除了代码编译以外，Roslyn 还提供了代码分析服务，以及丰富的 API。这使得开发者可以直接使用 Roslyn 的编译、代码分析等功能创建与提升代码质量相关的应用。

Roslyn 除了高度的开放之外，还具有更好的编译效率。相比之前的 C＃ 编译器 csc.exe，Roslyn 生成的中间语言代码(IL)更加高效，编译时间也大大缩短。

目前 Visual Studio 2017 的代码编辑功能后面全面集成了 Roslyn 的动态编译功能，在开发人员敲完代码的那一刻，Roslyn 马上就可以告诉 Visual Studio 这一行代码是否有语法错误，引用了哪些其他类型的方法以及被哪些类型引用的信息。Visual Studio 就会立刻在图形化的编辑环境提示开发者。

以上是.NET Core 的最核心的四个开源项目。这些开源项目都可以在 Github 的.NET 基金会组织下找到，地址是：http://www.github.com/dotnet。

有兴趣的读者可以登录 Github 网站查看相关源代码仓库，学习以及追踪最新进展。在本书的下一章将主要介绍如何编译.NET Core 的主要项目，因为这也是开始.NET Core 应用程序调试的基础。

5. 关于 ASP.NET Core

谈.NET Core 也就必须说一下 ASP.NET Core。从本质上说，ASP.NET Core 和.NET Core 是两个相对独立的技术栈。因为 ASP.NET Core 既可以运行在 Windows 操作

系统的.NET Framework上面，又可以运行在支持跨平台的.NET Core上，也可以运行在.NET另一个著名开源项目Mono上，并没有绝对地依赖哪个.NET框架。

从另一方面说，ASP.NET MVC5改名为ASP.NET Core，也是表明ASP.NET Core会像.NET Core一样支持跨平台。其实，在开源方面，ASP.NET Core是走在前面的。.NET基金会还没有决定把.NET Core开源并且放到Github上时，ASP.NET Core的前身ASP.NET MVC就已经在微软的CodePlex网站上开源了。在那时候，.NET的开源项目Mono可以支持ASP.NET在Linux加Mono的环境下运行ASP.NET Web网站应用程序。现在Mono也开始纳入并支持.NET Standard了，这就意味着今后的日子里，ASP.NET Core即使在Linux操作系统上也保证至少有两个运行时可以选择：.NET Core和Mono。

ASP.NET Core在Github上是一个独立的组织，ASP.NET Core的全部代码仓库都在http://www.github.com/aspnet组织下面。

1.2　.NET Standard又是什么

.NET经过多年的发展，其生态环境覆盖了客户端和服务器两个应用程序开发的最主要的方面。如果你觉得.NET只是微软在开发在使用，那就太狭隘了。实际上，在客户端上有游戏引擎Unity支持C#语言进行游戏开发，涵盖了桌面的游戏和手机游戏，著名的手游《王者荣耀》也使用Unity开发。另一个客户端软件Xamarin，支持从Linux、macOS到手机操作系统iOS、Android的用户界面应用程序的开发。这些项目很多时候都不是微软公司在主导的。除此之外，服务器端的Mono也是在使用.NET的技术规范为开发者提供支持。

随着时间的流逝，这些覆盖到端和服务器上的.NET开发框架渐渐地呈现了离散化发展的趋势。这也很好理解，因为客户端和服务器有各自不同的开发场景，例如手机客户端要求运行高效、节能；而服务器端却强调高并发大量的数据处理能力。这就造成了各自的开发框架支持的API中间产生了很多差别。这对.NET最初提出来的“一次编译，处处运行”是相悖的。现在是时候对多个.NET框架进行规范了。规范.NET框架是在尊重.NET开发框架各自发展的道路上，最大可能地保证.NET应用程序的通用性和移植性。

.NET Standard就是.NET基金会提出的.NET开发框架的规范文本。请注意，.NET Standard并不是一组程序，而是一组纯文本的类型和函数声明信息，用来规范相同功能的类型和函数在不同的.NET开发框架中具有相同的形态。

这样一来，基于.NET Standard规范的应用程序就可以无缝地在各种开发框架之间进行迁移。因为所有支持.NET Standard的开发框架都有义务按照.NET Standard规范实现相应的函数声明。

表1.1中列举了各种.NET开发框架对于.NET Standard版本的支持。

表 1.1 .NET Standard 和开发框架兼容列表

.NET Standard	1.0	1.1	1.2	1.3	1.4	1.5	1.6	2.0
.NET Core	1.0	1.0	1.0	1.0	1.0	1.0	1.0	2.0
.NET Framework(with.NET Core 1.x SDK)	4.5	4.5	4.5.1	4.6	4.6.1	4.6.2		
.NET Framework(with.NET Core 2.0 SDK)	4.5	4.5	4.5.1	4.6	4.6.1	4.6.1	4.6.1	4.6.1
Mono	4.6	4.6	4.6	4.6	4.6	4.6	4.6	5.4
Xamarin.iOS	10.0	10.0	10.0	10.0	10.0	10.0	10.0	10.14
Xamarin.Mac	3.0	3.0	3.0	3.0	3.0	3.0	3.0	3.8
Xamarin.Android	7.0	7.0	7.0	7.0	7.0	7.0	7.0	7.5
Universal Windows Platform	10.0	10.0	10.0	10.0	10.0	vNext	vNext	vNext
Windows	8.0	8.0	8.1					
Windows Phone	8.1	8.1	8.1					
Windows Phone Silverlight	8.0							

随着计算机技术的不断发展,.NET Standard 也会不停地进化,虽然在早期的版本 1.x 或者 2.x 版本中主要的任务是规范现有函数的声明和调用,但是在未来,.NET Standard 将会主导.NET 的发展,对一些领域的库函数提出规范化的开发指导意见。

.NET Standard 规范是完全纯文本的,内含有成千上万的函数声明。读者可以访问 http://www.github.com/dotnet/standard 查看这些函数的声明。当前最新的规范标准版本是 2.0,并且 2.0 版本还在持续完善中。有关.NET Standard 2.0 规范可以参考:

```
https://github.com/dotnet/standard/tree/master/docs/netstandard-20
```

.NET Standard 2.0 规范的最完整函数声明列表,请参考:

```
https://raw.githubusercontent.com/dotnet/standard/master/docs/versions/netstandard2.0_
ref.md
```

.NET Standard 2.0 相较于.NET Standard 1.6 来说,规范制定有很大的进展,定义的函数声明从 16000 多个扩展到了 32000 多个。这些 API 绝大多数都是从.NET Framework 迁移来的。

.NET Standard 2.0 还正式支持了 WCF,这使得用.NET Core 构建基于 SOA 的应用程序更加简单。

1.3 .NET Core 的一些重要工具

.NET Core 虽然提供了很强大的类库和编译器,但是在开发过程中,开发者仍然需要一些辅助工具来提升开发效率。下面介绍一些常用的.NET Core 开发工具。

1. Visual Studio for Mac

Visual Studio for Mac 是微软针对 macOS 操作系统推出的一款 IDE 产品。它的前身是 Xamarin Studio,而 Xamarin Studio 又是从 MonoDevelop 衍生而来。

Visual Studio for Mac 目前可以支持以 Xamarin 开发框架为基础的客户端应用程序开发到以.NET Core 为开发框架的服务器端程序,如 REST API 或者 ASP.NET Web 网站等。Visual Studio for Mac 是与 Visual Studio 同级别的 IDE 产品,集源代码管理、编码、调试运行为一体。

Visual Studio for Mac 也提供免费社区版本,有兴趣的读者可以通过 https://www.visualstudio.com/vs/mobile-app-development/下载。

2. Visual Studio Code

与 Visual Studio 不同,Visual Studio Code 的产品定位是跨操作系统平台的轻量级代码编辑器。它的竞争产品是 IntelliJ、Atom 等。目前有越来越多的开发者为 Visual Sudio Code 编写扩展插件,Visual Studio 对绝大多数主流语言都具备语法提示以及编译和调试的能力。

Visual Studio Code 的下载地址为 http://code.visualstudio.com。

3. API Portability Tool

API Portability Tool 是一款辅助.NET 开发者在不同的开发框架上迁移源代码工程的静态代码审查工具。

由于.NET Framework 具有多个历史版本,并且.NET Core 以及 Xamarin 等开发框架在基础类库中实现的 API 数量和类型有很多的不一致情况,.NET 开发者要想把自身源代码升级到更高的.NET 版本或者迁移到其他的.NET 开发框架上,会面临很多 API 调用不兼容的问题。

API Portability Tool 可以帮助.NET 开发者审查.NET 项目的源代码,并生成审查报告,帮助.NET 开发者找到 API 调用不兼容的代码行以及帮助.NET 开发者评估迁移工作量。

API Portability Tool 本身也是一个.NET Core 开源项目,可以访问 https://github.com/Microsoft/dotnet-apiport 获得 API Portability Tool 的源代码和使用方法文档。

4. .NET API Availability Catalog

当.NET 开发者想调用一个 API,又不确定这个 API 在某个特定的.NET 开发框架上是否支持该怎么办?.NET API Availability Catalog 网站就可以帮助.NET 开发者解答这个问题。这个网站保存着全部的.NET 开发框架以及开发框架的 API 以及他们适用的版本。.NET 开发者可以随时随地进行查询。网站的地址:https://apisof.net/catalog。

5. Package Availability Information

目前的情况是,很多.NET 开发者都有意愿把自己的项目迁移到.NET Core 开发框架上来。由于自身项目引用了很多第三方的 NuGet 包,开发者一时很难确定这些 NuGet 包是否已经支持了.NET Core。

这个网站就可以帮助.NET 开发者解决这个问题。在这个网站上,.NET 开发者只要上传.NET 项目文件,如 project.json 或者.csproj 文件到网站(因为项目文件中含有 NuGet

包引用定义),网站就会自行搜索 NuGet 网站验证这些 NuGet 包是否都已经支持了.NET Core 框架。

这个工具可以为何时将.NET 应用程序迁移到.NET Core 框架上提供决策参考。网站地址为 https://icanhasdot.net/。

6. NuGet Package Explorer

这是用来帮助开发者将自己的项目制作成 NuGet 包的可视化工具。通过这个工具可以帮助开发者快速地创建自己的 NuGet 包并发布到 NuGet 网站上供其他开发者使用。这个工具自身也是开源的,代码仓库位于 https://github.com/NuGetPackageExplorer/。

7. ILDasm

ILDasm 是.NET Core SDK 中自带的 IL 源代码反汇编工具。传统上,这个工具也存在于.NET Framework SDK 中。只不过.NET Framework SDK 中的 ILDasm 具有可视化用户界面,而.NET Core 中的这个工具仅仅是一个命令行工具。

8. ILSpy

ILSpy 是一款开源的运行在 Windows 平台上的图形化用户界面的程序集反汇编工具。可以把已经编译好的.dll 反汇编成为 C#/VB.NET/F#语言源代码。ILSpy 本身是为了.NET Framework 创建的。由于.NET Core 和.NET Framework 运行时互相兼容,所以 ILSpy 也可以兼容.NET Core 的程序集。

ILSpy 唯一令人遗憾的是目前仅仅支持 Windows 平台,并没有对 Linux 和 macOS 提供支持。ILSpy 官方网站为 http://ilspy.net。

9. Postman

Postman 是一款支持跨平台的应用程序,用来帮助开发者快速构建和测试 REST API 服务。Postman 可以模拟 HTTP 请求的所有谓词,用于 REST API 的测试。由于 Postman 是一款具有图形化用户界面的产品,因此非常受开发者的欢迎。

Postman 的下载地址为 https://www.getpostman.com/。

10. Fiddler

Fiddler 也是一款作者个人非常喜欢的 HTTP 调试器。Fiddler 调试器支持基于进程、Session 等模式的 HTTP 调试。其功能非常强大,并且免费。同 ILSpy 一样,Fiddler 也主要是支持 Windows 平台。Fiddler 后期发布了支持 IE、Chrome 和 Firefox 的扩展插件,让 Web 开发者可以更方便地配合 Web 浏览器进行 HTTP 调试。

Fiddler 的下载地址为 https://www.telerik.com/fiddler。

11. dnSpy

dnSpy 是一个开源的支持.NET Framework、Unity 和.NET Core 的调试器和程序集编辑器。dnSpy 的优点是:即使没有任何源代码文件,也可以使用它来编辑和调试程序集。它可视化地支持开发者在 IL、VB.NET 和 C#语法环境中编辑程序集的元数据并进行调试。dnSpy 引用了开源项目 ILSpy 反编译引擎和 Roslyn 编译器等著名开源项目。

dnSpy 项目地址为 https://github.com/0xd4d/dnSpy。

1.4 常见问题解答

问题一：.NET Standard 和.NET Core 有什么区别？

.NET Core 是一个可以执行托管代码的运行时平台。像.NET Framework 或 UWP(旧称 WinRT)一样，开发人员可以将应用程序放在运行时上运行。

.NET Standard 是许多.NET 平台共享的一组 API，因此，它是应用程序可以被不同运行时之间共享和迁移的标准。.NET Standard 项目虽然也可以被编译，但是二进制文件不能直接执行。

问题二：.NET Standard 的类库可以引用基于.NET Framework 的类库吗？

对于支持.NET Standard 2.0 的类库来说，是可以的。对于支持.NET Standard 2.0 之前标准的类库来说，多数情况下是会有问题的。如果应用程序是基于 mscorlib 之上的 Portable Class Library 的，那么可以使用.NET Standard 定义的全新兼容迁移类库标准 Microsoft.NETCore.Portable.Compatibility 来替换。但是仍然会有很多 API 差异，用户可能会遇到运行时错误，所以不建议使用这种方法。

问题三：.NET Framework 类库可以引用支持.NET Standard 的类库吗？

.NET Standard 1.5，1.6 和 2.0 中仅有一小部分 API 不兼容 NET Framework 4.6.1 和 4.6.2。因为仅仅是 NET Standard 的一小部分，所以绝大多数情况下仍然可以正常工作。缺少的 API 将在未来的.NET Framework 版本中添加。

问题四：现在编写的应用程序应该支持.NET Standard 吗？

如果您正在编写一个 exe 可执行应用程序，那么就不需要考虑支持。如果您正在编写一个通用类库，那么就需要考虑支持.NET Standard。具体版本，要看您使用的 API 对应到.NET Standard 的最低版本。.NET Standard 的版本越高，意味着对兼容性要求越高，对类库的通用性不利。

问题五：是否已经被纳入.NET Standard 的 API 仍然有可能抛出 NotSupportedException？

是的，一般来说，如果某个 API 在其他平台和框架上完全不支持，那么这个 API 应该视为是该框架独有的 API，不应该被纳入.NET Standard 中。但是，有一些 API 在某几个.NET 开发框架中支持，在另外几种不支持，那么这个 API 仍然可能被集成到.NET Standard 之中。对于不支持这个 API 的平台，就会抛出 NotSupportedException 异常。

举个例子，.NET Standard 2.0 中把 AppDomain 集成进来，但是 Linux 操作系统上.NET Core 类库就不支持 AppDomain.CreateDomain 这个方法。

本章主要阐述了.NET Core 和.NET Standard 的定义和作用，并顺带介绍了一些.NET Core 开发和调试时经常使用的工具。从下一章开始，将正式开始.NET Core 应用程序调试之旅。

第 2 章

.NET Core 的编译

.NET Core 的源代码存放于 http://www.github.com/dotnet/组织结构之下，并由.NET Core 团队保持持续的更新。通常情况下，通过正式的安装方法安装.NET Core 运行时和 SDK 即可。但是有些时候为了获得一些新的特性，或者为了调试获得符号表文件，还需要手动编译.NET Core 的源代码。

编译.NET Core 源代码，不仅为了使用最近版本的.NET Core，也为了获得.NET Core 调试扩展。安装.NET Core 自带的调试扩展版本比较老，需要通过编译获得新的版本。

2.1 .NET Core 源代码在 Linux 操作系统上的编译

.NET Core 可以支持 Debian/Ubuntu、Red Hat/CentOS、SUSE/OpenSUSE 等各种发行版本的 Linux 操作系统。下面就取几款典型的操作系统来说明编译.NET Core 代码的步骤。

2.1.1 获取.NET Core 源代码

.NET Core 的源代码保存在 Github 网站上，因此获取.NET Core 代码需要在 Linux 操作系统上安装 Git 客户端，如命令 2.1 所示。

```
debian-gnu-linux-8:~ $ sudo apt-get update
debian-gnu-linux-8:~ $ sudo apt-get install git-core
```

命令 2.1 Debian 上安装 Git 客户端

在 CentOS 上，需要使用 yum 来进行安装，如命令 2.2 所示。

```
[centos-linux-7 ~]$ sudo yum install git-core
```

命令 2.2 CentOS 上安装 Git 客户端

然后在磁盘上用 mkdir 创建一个名为 dotnet 的文件夹，如命令 2.3 所示。

```
mkdir dotnet
cd dotnet
```

命令 2.3 创建 dotnet 文件夹

最后通过 git clone 获取 coreclr 和 corefx 两个代码仓库的代码，如命令 2.4 所示。

```
dotnet $ git clone https://github.com/dotnet/coreclr.git
dotnet $ git clone https://github.com/dotnet/corefx.git
```

命令 2.4 复制 coreclr 和 corefx 代码到本地

至此，.NET Core 重要的运行时（coreclr）和基础类库（corefx）两部分的源代码已经获取到本地。

2.1.2 安装编译源代码必要的工具

.NET Core 源代码的底层与操作系统交互的部分由 C/C++写成，并且依赖一些第三方的函数库。同时，用于编译整个项目的 makefile 文件是使用 CMake 来生成的。这主要是为了方便让.NET Core 的源代码可以跨平台编译。通过 CMake（最低版本要求 2.8.12）可以生成针对 macOS、Linux 和 Windows 平台的 makefile 文件。因此，为了编译.NET Core，需要在 Linux 操作系统上安装编译所需的 C/C++ 编译器、第三方依赖库和 CMake 工具。.NET Core 的 C/C++编译器使用的不是 gcc/g++，而是 Clang，并且需要 Clang 3.9 版本。

其实，.NET Core 最早是依赖 Clang 3.6 环境的。但是由于 Clang 整体发展迅速，再继续使用 3.6 版本已经显得非常不合时宜了，尤其是用于调试的调试器 LLDB 3.6 功能比较弱。于是，产品组在.NET Core 2.1 这个版本上将编译环境改为了 Clang 3.9。

主要依赖的第三方库有 CMake、llvm-3.9、Clang-3.9、lldb-3.9、liblldb-3.9-dev、libunwind8、libunwind8-dev、gettext、libicu-dev、liblttng-ust-dev、libcurl4-openssl-dev、libssl-dev、uuid-dev、libkrb5-dev、libnuma-dev 等。

对于 Debian 和 Ubuntu 来说，LLVM 组织提供了对应的安装包，只要把.NET Core 编译所需的 LLVM 3.9 加入到 apt 源中即可安装。但是对于 Red Hat 和 CentOS 来说，默认可安装的版本是 LLVM 3.4，因此需要手动编译 LLVM 3.9 并进行安装。

首先，安装 CMake 工具，在 Debian/Ubuntu 上默认的 CMake 版本都已经是大于 3.4 的版本了，因此直接安装即可。在安装结束后通过 cmake --version 确认一下安装的版本。

在 Debian/Ubuntu 上安装完 CMake 之后，还需要安装 gcc 和 g++ 编译器，用来编译

.NET Core 源代码。好在 Debian/Ubuntu 源上提供的 gcc 和 g++版本足够新，不需要通过编译源代码的方式进行安装，如命令 2.5 所示。

```
debian-gnu-linux-8:~$ sudo apt-get update
debian-gnu-linux-8:~$ sudo apt-get install cmake
# 验证已安装的 Cmake 版本
debian-gnu-linux-8:~$ cmake -version
# 安装 gcc 和 g++
debian-gnu-linux-8:~$ sudo apt-get install gcc g++
```

命令 2.5　Debian 安装 CMake 和 gcc

CentOS 的情况比较复杂，默认源上的 CMake 版本很老，还是 2.8 版本，因此需要从 cmake.org 上面下载 CMake 3.8 版本的源代码进行编译和安装，如命令 2.6 所示。

```
[centos-linux-7 ~]$ wget
https://cmake.org/files/v3.8/cmake-3.8.2.tar.gz
[centos-linux-7 ~]$ tar xvf cmake-3.8.2.tar.gz
# 构建、编译和安装 CMake 3.8.2
[centos-linux-7 ~]$ cd cmake-3.8.2
[centos-linux-7 ~]$ sudo yum install gcc-c++
[centos-linux-7 ~]$ ./configure
[centos-linux-7 ~]$ sudo make install
```

命令 2.6　CentOS 编译安装 CMake 和 gcc

在完成 CMake 的安装之后，就需要安装.NET Core 编译依赖的第三方库了，如命令 2.7所示。

```
debian-gnu-linux-8:~$ sudo apt-get install libunwind8 libunwind8-dev gettext
libicu-dev liblttng-ust-dev libcurl4-openssl-dev libssl-dev uuid-dev libkrb5-dev
```

命令 2.7　Debian 安装第三方依赖库

CentOS 与 Debian 略有不同，如命令 2.8 所示。

```
# 从 efficios.com 获取仓库信息
[centos-linux-7 ~]$ sudo wget -P /etc/yum.repos.d/ https://packages.efficios.
com/repo.files/EfficiOS-RHEL7-x86-64.repo
#导入 rpm 秘钥
[centos-linux-7 ~]$ sudo rpmkeys --import https://packages.efficios.com/rhel/
repo.key
# 安装 lttng-ust-devel
```

```
[centos-linux-7 ~]$ sudo yum install lttng-ust-devel
# 安装其他依赖的第三方库
[centos-linux-7 ~]$ sudo yum install gcc gcc-c++ libunwind libunwind-devel gettext libicu-devel libcurl-devel libuuid-devel krb5-devel libedit-devel openssl-devel
```

命令 2.8 CentOS 安装第三方类库

在完成以上步骤之后，安装编译.NET Core 所需的 LLVM 环境。对于 Debian/Ubuntu 来说，只要把位于 llvm.org/apt/的源位置加入到 apt 配置文件中，并安装 llvm 的 apt 公钥即可，如命令 2.9 所示。

```
debian-gnu-linux-8:~ $ echo "deb http://llvm.org/apt/trusty/llvm-toolchain-trusty-3.9 main" | sudo tee /etc/apt/sources.list.d/llvm.list
debian-gnu-linux-8:~ $ wget -O - http://llvm.org/apt/llvm-snapshot.gpg.key | sudo apt-key add -
debian-gnu-linux-8:~ $ cd /usr/lib/llvm-3.9/lib
#为 liblldb-3.9.so.1 设置软连接
debian-gnu-linux-8:~ $ sudo ln -s ../../x86_64-linux-gnu/liblldb-3.9.so.1 liblldb-3.9.so.1
#安装 llvm clang lldb lldb-dev
debian-gnu-linux-8:~ $ sudo apt-get update
debian-gnu-linux-8:~ $ sudo sudo apt-get install cmake llvm-3.9 clang-3.9 lldb-3.9 liblldb-3.9-dev libunwind8 libunwind8-dev gettext libicu-dev liblttng-ust-dev libcurl4-openssl-dev libssl-dev uuid-dev libnuma-dev libkrb5-dev
```

命令 2.9 Debian 安装 LLVM3.9、Clang3.9、LLDB3.9

对于 Red Hat 和 CentOS 操作系统，LLVM 和 LLDB 的安装稍微复杂一些，需要手工下载 LLVM 和 LLDB 的源代码在 CentOS 操作系统上直接编译。具体步骤请参考 2.1.3 节。

2.1.3 在 CentOS 上手工编译 LLVM、Clang 和 LLDB

由于.NET Core 在编译、调试时对 LLVM、Clang 和 LLDB 的版本有要求，Red Hat 和 CentOS 默认源中的版本不能满足，因此，需要手工在 Red Hat 和 CentOS 用指定版本的源代码进行编译。

CentOS 上的软件以及相关源上的软件包都比较老，如果在 CentOS 上使用 CMake 2.8.12版本，在编译 LLVM、Clang 和 LLDB 时报告编译错误，那么请升级 CMake 到最新的版本 3.8.2，步骤如命令 2.10 所示。

```
[centos-linux-7 ~]$ wget
https://cmake.org/files/v3.8/cmake-3.8.2.tar.gz
[centos-linux-7 ~]$ tar -xvf cmake-3.8.2.tar.gz
[centos-linux-7 ~]$ cd cmake-3.8.2
```

```
[centos-linux-7 ~]$ ./configure
[centos-linux-7 ~]$ make -j2
[centos-linux-7 ~]$ sudo make install
```

命令 2.10　CentOS 编译安装 CMake

编译 LLVM 对编译机器的内存有一定的要求，请保证计算机内存在 6GB 以上，否则会在构建过程中，尤其是链接的时候，出现很多莫名其妙的错误。LLVM 体积庞大，构建后，源代码文件夹有几十吉字节，因此最好空闲的磁盘空间有 100GB 以上。

LLVM 3.9 版本编译的步骤如下：

(1) 下载 LLVM 3.9 版本的源代码，解压缩并改名放入 llvm 文件夹。然后编译和安装 LLVM，如命令 2.11 所示。

```
[centos-linux-7 ~]$ wget
http://llvm.org/releases/3.9.0/llvm-3.9.0.src.tar.xz
[centos-linux-7 ~]$ tar xvf llvm-3.9.0.src.tar.xz
[centos-linux-7 ~]$ mv llvm-3.9.0.src llvm
# 安装构建 llvm 必须的第三方库
[centos-linux-7 ~]$ sudo yum install python-devel doxygen swig libxml2-devel
ncurses-devel libedit-devel
```

命令 2.11　CentOS 下载 LLVM 安装构建 LLVM 的依赖库

(2) 下载 Clang，并放入 llvm/tools 文件夹内，再解压缩，如命令 2.12 所示。

```
[centos-linux-7 ~]$ cd llvm/tools
[centos-linux-7 tools]$ wget
http://llvm.org/releases/3.9.0/cfe-3.9.0.src.tar.xz
[centos-linux-7 tools]$ tar xvf cfe-3.9.0.src.tar.xz
[centos-linux-7 tools]$ mv cfe-3.9.0.src clang
```

命令 2.12　CentOS 下载解压缩 Clang

(3) 下载 LLDB，并放入 llvm/tools 文件夹内，再解压缩，如命令 2.13 所示。

```
[centos-linux-7 tools]$ wget
http://releases.llvm.org/3.9.0/lldb-3.9.0.src.tar.xz
[centos-linux-7 tools]$ tar xvf lldb-3.9.0.src.tar.xz
[centos-linux-7 tools]$ mv lldb-3.9.0.src lldb
```

命令 2.13　CentOS 下载解压缩 LLDB

（4）编译、安装 LLVM、Clang 和 LLDB，如命令 2.14 所示。

```
[centos-linux-7 llvm]$ mkdir llvmbld
[centos-linux-7 llvm]$ cd llvmbld
[centos-linux-7 tools]$ cmake ../
# 根据当前目录下 CMake 生成的项目文件进行构建和安装
[centos-linux-7 tools]$ cmake --build .
[centos-linux-7 tools]$ sudo /usr/local/bin/cmake --build .
--target install
```

命令 2.14 CentOS 下构建 LLVM 系列组件

（5）在安装 LLVM 3.9 的过程中，安装脚本还需要使用 Python 2.7 来帮助运行安装脚本，因此，可能会在安装 LLVM 3.9 的过程中遇到找不到 Python 的问题。因此，还需要在 LLVM 构建目录下再编译一份 Python 2.7。所以需要下载和安装 Python 2.7，然后再通过 Cmake 执行安装脚本安装 LLVM 3.9。以下是 Python 2.7 的编译相关步骤，如命令 2.15 所示。

```
[centos-linux-7 ~]$ wget
https://www.python.org/ftp/python/2.7.13/Python-2.7.13.tgz
[centos-linux-7 ~]$ tar xzf Python-2.7.13.tgz
[centos-linux-7 ~]$ mv Python-2.7.13 Python2.7
[centos-linux-7 ~]$ cd Python2.7
# 构建 python 2.7
[centos-linux-7 ~]$ ./configure --enable-optimizations
[centos-linux-7 ~]$ make build
# 将编译好的 python 2.7 移动到指定目录
[centos-linux-7 ~]$ mv Python2.7 llvm/llvmbld/lib/python2.7
# 重新执行 LLVM 3.9 的安装
[centos-linux-7 tools]$ sudo /usr/local/bin/cmake --build .
--target install
```

命令 2.15 CentOS 下安装 Python 2.7 到 LLVM 目录

（6）在编译和安装结束之后，通过下面的命令确认 Clang 和 LLDB 的版本，如命令 2.16 所示。

```
[centos-linux-7 llvm]$ clang --version
[centos-linux-7 llvm]$ lldb -version
```

命令 2.16 CentOS 下验证 LLDB 安装

在以上步骤执行完成后，才算是在 Red Hat 或者 CentOS 上部署了可以支持.NET

Core 编译调试的环境。

在构建和安装 LLVM 3.9 之后，及时删除 llvm 文件夹，以便节省磁盘空间。

2.1.4 在 Linux 上编译.NET Core 源代码

经过以上的准备，就可以正式开始编译.NET Core 的源代码了。coreclr 项目和 corefx 项目中各自带有 build.sh Bash 脚本文件用来编译 coreclr 项目和 corefx 项目，编译.NET Core 只需要跳转到对应目录执行 build.sh 脚本文件即可，如命令 2.17 所示。

```
# 编译 coreclr 项目
cd ~/dotnet/coreclr
./build.sh
# 编译 corefx 项目
cd ~/dotnet/corefx
./build.sh
```

命令 2.17 构建 coreclr 和 corefx

由于在编译过程中 build.sh Bash 脚本还需要从 GitHub 上下载 dotnet CLI 项目，并且需要编译的文件非常多，通常编译时间会持续十几分钟到几十分钟不等。具体编译速度严重依赖于编译计算机自身的 CPU 性能和磁盘 I/O 性能。

coreclr 项目的编译结果保存在 dotnet/coreclr/bin/Product/Linux.x64.Debug 目录下，主要是与调试相关的 SOS 组件和与.NET Core 运行时相关的部分。这些编译输出构成了.NET Core 运行时和核心程序。在该目录下还有一个 PDB 子目录，内含有相关符号表文件(*.pdb)，这些文件将在未来用于帮助调试者分析内存转储(core dump)，如图 2.1 所示。

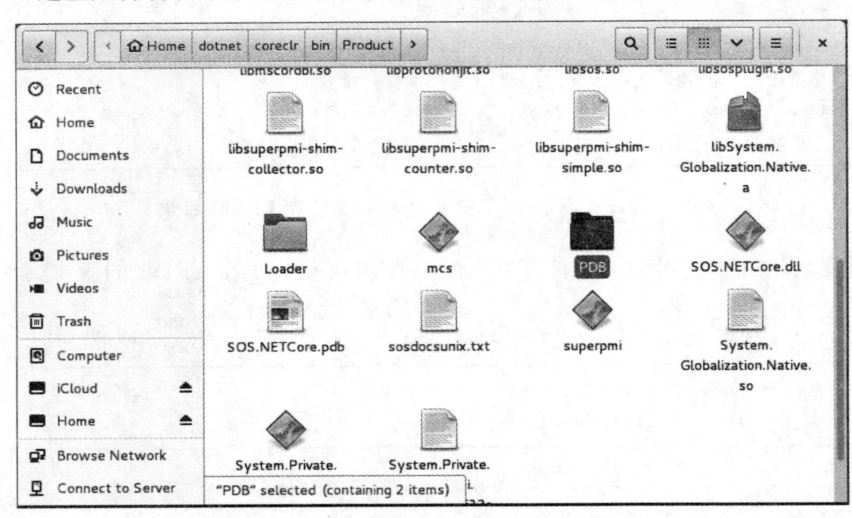

图 2.1 coreclr 项目在 Debian 8 上的编译输出

CoreFx 项目编译的结果保存在 dotnet/corefx/bin/runtime/netcoreapp-Linux-Debug-x64 目录内，如图 2.2 所示。这个目录中含有.NET Core 的全部基础类库（BCL）程序集以及对应的 PDB 符号表文件。在调试时，符号表文件用来查找代码、变量地址与中间语言 IL 之间的对应关系。因此，一旦某个版本的.NET Core 用在了生产环境，那么最好保存一份该版本的 PDB 符号表文件。

```
parallels@debian-gnu-linux-8: ~/dotnet/corefx/bin/runtime/netcoreapp-Linux-Debug-x64
File  Edit  View  Search  Terminal  Help
parallels@debian-gnu-linux-8:~$ cd dotnet/corefx/bin/runtime/netcoreapp-Linux-Debug-x64
parallels@debian-gnu-linux-8:~/dotnet/corefx/bin/runtime/netcoreapp-Linux-Debug-x64$ ls -l
total 63968
-rw-r--r-- 3 parallels parallels  127736 Dec 29 22:10 apphost
-rw-r--r-- 1 parallels parallels  184320 Nov  5 01:30 CommandLine.dll
-rw-r--r-- 3 parallels parallels   26744 May  2 21:14 corerun
-rw-r--r-- 4 parallels parallels  140936 Dec 29 22:10 dotnet
-rw-r--r-- 3 parallels parallels 2872104 May  2 21:14 libclrjit.so
-rw-r--r-- 3 parallels parallels 8649488 May  2 21:14 libcoreclr.so
-rw-r--r-- 3 parallels parallels  712320 May  2 21:14 libcoreclrtraceptprovider.so
-rw-r--r-- 3 parallels parallels 1040016 May  2 21:14 libdbgshim.so
-rw-r--r-- 4 parallels parallels  985080 Dec 29 22:10 libhostfxr.so
-rw-r--r-- 3 parallels parallels 1216392 Dec 29 22:10 libhostpolicy.so
-rw-r--r-- 3 parallels parallels 3648568 May  2 21:14 libmscordaccore.so
-rw-r--r-- 3 parallels parallels 2454328 May  2 21:14 libmscordbi.so
-rw-r--r-- 3 parallels parallels   90152 May  2 21:14 libsosplugin.so
-rw-r--r-- 3 parallels parallels  630080 May  2 21:14 libsos.so
-rw-r--r-- 1 parallels parallels   89088 Jan 20 16:32 Microsoft.3rdpartytools.MarkdownLog.dll
-rw-r--r-- 3 parallels parallels  513024 May  3 17:20 Microsoft.CSharp.dll
-rw-r--r-- 3 parallels parallels  220444 May  3 17:20 Microsoft.CSharp.pdb
-rw-r--r-- 1 parallels parallels 1247232 Mar 16 10:40 Microsoft.Diagnostics.Tracing.TraceEvent.dll
-rw-r--r-- 3 parallels parallels  193536 May  3 17:21 Microsoft.VisualBasic.dll
-rw-r--r-- 3 parallels parallels   92588 May  3 17:21 Microsoft.VisualBasic.pdb
-rw-r--r-- 3 parallels parallels    6656 May  3 17:21 Microsoft.Win32.Primitives.dll
-rw-r--r-- 3 parallels parallels    1228 May  3 17:21 Microsoft.Win32.Primitives.pdb
-rw-r--r-- 3 parallels parallels    7168 May  3 17:20 Microsoft.Win32.Registry.AccessControl.dll
-rw-r--r-- 3 parallels parallels     612 May  3 17:20 Microsoft.Win32.Registry.AccessControl.pdb
-rw-r--r-- 3 parallels parallels   29696 May  3 17:22 Microsoft.Win32.Registry.dll
-rw-r--r-- 3 parallels parallels    9764 May  3 17:22 Microsoft.Win32.Registry.pdb
-rw-r--r-- 3 parallels parallels  788992 May  3 17:20 Microsoft.XmlSerializer.Generator.dll
-rw-r--r-- 3 parallels parallels  199028 May  3 17:20 Microsoft.XmlSerializer.Generator.pdb
-rw-r--r-- 4 parallels parallels   45056 May  3 17:19 mscorlib.dll
-rw-r--r-- 4 parallels parallels   84480 May  3 17:20 netstandard.dll
```

图 2.2 CoreFx 项目在 Debian 8 上的编译输出

针对不太熟悉 Linux 系统的用户，在这里补充一个小知识：Linux 通常使用颜色来区分文件的类型，而文件的扩展名并不是那么重要。默认状态下 Linux 文件类型和颜色的对应关系如表 2.1 所示。

表 2.1 Linux 下文件颜色与文件类型对应表

颜　色	文件类型
绿色	可执行文件
品红色	图片文件(jpg, gif, bmp, png, tif)
青色	符号链接文件
黄色	管道文件
青色	Socket 文件
红色	存档或压缩文件
红色背景白色闪烁	丢失指向文件的软链接

当然，这些颜色和文件类型的对应关系可以通过修改/etc/DIR_COLORS file 文件进行自定义配置。因此在一些特定的 Linux 发行版本上，表示特定文件类型的颜色可能略有不同。

2.2 .NET Core 源代码在 Windows 操作系统上的编译

.NET Core 在 Windows 平台上的编译，需要安装 Visual Studio 来主要执行具体的编译动作。所幸的是，Visual Studio Community 版本已经可以支持.NET Core 的编译全部功能，无须使用付费版本。以下给出.NET Core 在 Windows 10 操作系统上的编译步骤。

2.2.1 下载和安装 Visual Studio

.NET Core 可以通过 Visual Studio 2015 和 Visual Studio 2017 来执行编译。但是鉴于 Visual Studio 2015 无法像 Visual Studio 2017 那样可以精细化地定制安装所需组件，安装 Visual Studio 2015 会占用更多的磁盘空间，因此推荐安装和使用 Visual Studio 2017。

在 Visual Studio 2017 时，需要对 Visual Studio 2017 进行配置。Visual Studio 2017 的组件有两种安装选择方式：面向工作任务的(Workload)和面向独立组件的(Individual Components)。编译.NET Core 所需要的组件配置清单如下：

(1) 如果以 Workloads 方式进行安装，需要选择以下内容。

① .NET Desktop Development，再勾选可选项：.NET Framework 4-4.6 Development Tools。

② Desktop Development with C++，再勾选其他可选项：

- VC++ 2017 v141 Toolset (x86, x64)；
- Windows 8.1 SDK and UCRT SDK；
- VC++ 2015.3 v140 Toolset (x86, x64)。

(2) 如果通过 Individual Components 方式进行安装，需要选择以下组件。

① .NET 类别下：

- .NET Framework 4.6 targeting pack；
- .NET Portable Library targeting pack。

② Code tools 类别下：Static analysis tools。

③ Compilers, build tools, and runtimes 类别下：

- C# and Visual Basic Roslyn Compilers；
- MSBuild；
- VC++ 2015.3 v140 toolset (x86, x64)；
- VC++ 2017 v141 toolset (x86, x64)；
- Windows Universal CRT SDK。

④ Development activities 类别下：Visual Studio C++ core features。

⑤ SDKs，libraries，and frameworks 类别下：Windows 10 SDK or Windows 8.1 SDK。

Visual Studio 2017 Community 在线安装程序可通过下面链接进行下载：

```
https://www.visualstudio.com/zh-hans/thank-you-downloading-visual-studio/?sku=Community&rel=15#
```

在 Visual Studio 2017 Community 安装完成之后，以管理员身份运行 Command Prompt for VS2017，注册 Microsoft Debug Information Accessor COM 组件，如命令 2.18 所示。

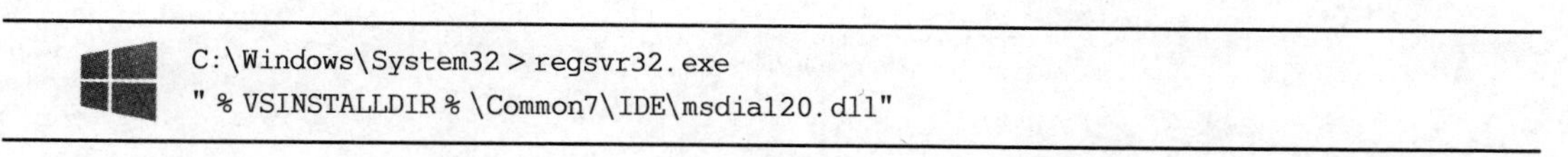

```
C:\Windows\System32>regsvr32.exe
"%VSINSTALLDIR%\Common7\IDE\msdia120.dll"
```

命令 2.18　注册 msdial20.dll COM 控件

2.2.2　安装其他必备软件

在成功地安装和配置 Visual Studio 2017 Community 之后，请安装最新版本的 CMake，下载链接：https://cmake.org/files/v3.8/cmake-3.8.1-win64-x64.msi。如果计算机上安装过 CMake 3.4 以前的版本，先执行卸载，再安装最新版本的 CMake。CMake 组件在这里用于为.NET Core 源代码项目生成 Visual Studio 可以打开的项目文件。

在安装 CMake 时，选择将 CMake 路径加入到 PATH 环境变量中，如图 2.3 所示。

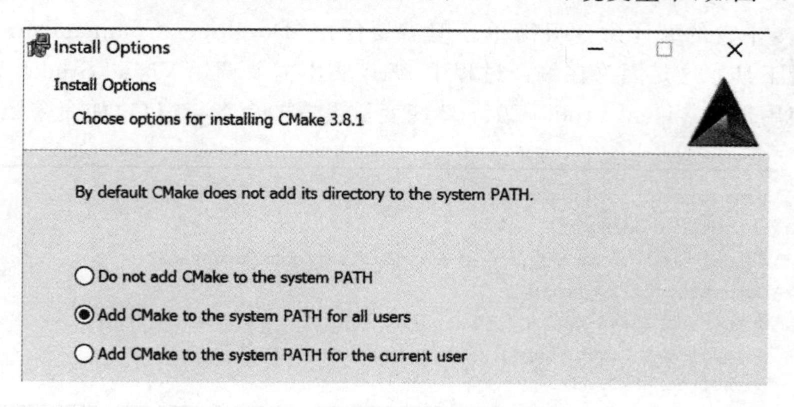

图 2.3　设置 CMake 环境变量

在完成了 CMake 的安装之后，还需要安装 Python。.NET Core 对 Python 的需求最小版本是 2.7.9。可访问 https://www.python.org/downloads/下载 Python 2.7.9 或者以上版本进行安装。在安装时同样也需要选择将 Python 所在路径加入到 PATH 的环境变量中，如图 2.4 所示。

在安装过程中应该尽量避免使用带有空格的路径，因为.NET Core 编译脚本并没有对

图 2.4 把 Python 路径加入到 PATH 变量中

带有空格的路径做出处理。在 Python 安装完成之后，建议选择“Disable max path length”。

.NET Core 的编译脚本还需要 Git 客户端的支持。Git for Windows 组件可以通过 https://git-for-windows.github.io/下载和安装。安装的全过程使用默认设置即可。

2.2.3 在 Windows 系统上执行.NET Core 编译

Windows 平台的编译命令很简单。但需要使用“Developer Command Prompt for VS 2017”命令行工具。这是因为在编译过程中，编译脚本需要调用 Visual Studio 2017 的组件。因此，需要使用带有 Visual Studio 2017 环境变量设置的命令行窗口，如命令 2.19 所示。

```
C:\> md dotnet
C:\dotnet > cd dotnet
C:\dotnet > git clone https://www.github.com/dotnet/coreclr
C:\dotnet\coreclr > build
C:\dotnet\coreclr > cd ..
C:\dotnet > git clone https://www.github.com/dotnet/corefx
C:\dotnet\corefx > build
```

命令 2.19 Windows 下构建 coreclr 和 corefx

2.3 .NET Core 源代码在 macOS 操作系统上的编译

由于 macOS 上 XCode 自带了 LLVM 环境、Clang 编译器和 LLDB 调试器，因此无须安装 LLVM、Clang 和 LLDB，这就会让编译环境的设置简单很多。在设置 macOS 的编译环境前，需要确认几个配置的情况：

（1）建议升级 macOS 到最新的版本。

（2）升级或安装最新版本的 XCode。

（3）安装 Homebrew 工具，如命令 2.20 所示。

```
/usr/bin/ruby -e "$(curl -fsSL https://raw.githubusercontent.com/Homebrew/install/master/install)"
```

命令 2.20 macOS 下安装 Homebrew

具备了以上条件之后，就可以开始正式搭建 macOS 的编译环境了。第一步，需要安装 CMake，如命令 2.21 所示。

```
$ brew install cmake
```

命令 2.21 macOS 下安装 CMake

第二步，安装 ICU（International Components for Unicode）组件，对数字、日期、货币等提供国际化支持，如命令 2.22 所示。

```
$ brew install icu4c
$ brew link --force icu4c
```

命令 2.22 macOS 下安装 ICU

第三步，需要安装新版本的 openSSL。由于 1.0 以前版本的 openSSL 已经不再支持，需要在 macOS 上部署 1.0 以上版本的 openSSL，如命令 2.23 所示。

```
$ brew install openssl
$ mkdir -p /usr/local/lib/pkgconfig
$ ln -s /usr/local/opt/openssl/lib/libcrypto.1.0.0.dylib /usr/local/lib/
$ ln -s /usr/local/opt/openssl/lib/libssl.1.0.0.dylib /usr/local/lib/
$ ln -s /usr/local/opt/openssl/lib/pkgconfig/libcrypto.pc /usr/local/lib/pkgconfig/
$ ln -s /usr/local/opt/openssl/lib/pkgconfig/libssl.pc /usr/local/lib/pkgconfig/
$ ln -s /usr/local/opt/openssl/lib/pkgconfig/openssl.pc /usr/local/lib/pkgconfig/
```

命令 2.23 macOS 下安装 OpenSSL

最后，就可以开始编译.NET Core 源代码了，如命令 2.24 所示。

```
$ mkdir dotnet
$ cd dotnet
$ git clone https://www.github.com/dotnet/coreclr
$ cd coreclr
$ ./build.sh
$ cd ..
$ git clone https://www.github.com/dotnet/corefx
$ cd corefx
$ ./build.sh
```

命令 2.24　macOS 下编译 coreclr 和 corefx

在以上步骤中，都是通过 git clone 的方式将 GitHub 上最新的.NET Core 源代码下载到本地进行编译。如果本地已有.NET Core 相关源代码仓库，需要与 GitHub 上的源代码保持同步更新，可在编译之前执行，如命令 2.25 所示。

```
# 拉取最新代码到本地
git pull origin master
```

命令 2.25　从 GitHub 上拉取最新代码到本地

通过以上介绍，读者可以了解和掌握在业界主流操作系统平台上编译.NET Core 源代码的关键步骤，方便日后对.NET Core 程序和源代码的调试工作。

第3章

.NET Core 命令行工具

.NET Core 命令行工具简称.NET Core CLI，是开发人员与.NET Core 交互的唯一用户界面。开发人员通过.NET Core CLI 可以创建、恢复和发布.NET Core 应用程序。本章将介绍.NET Core CLI 的详细用法。

3.1 .NET Core CLI 的安装

.NET Core CLI 是一个独立的开源项目，可以独立安装。在一些特殊的情况下，需要单独部署和更新.NET Core CLI 的版本。更多时候.NET Core CLI 是随.NET Core SDK 一起安装的。.NET Core SDK 下载地址：https://www.microsoft.com/net/download/all。

3.2 创建.NET Core 项目

在正式开发.NET Core 应用之前，需要首先创建一个.NET Core 的项目。使用.NET Core CLI 可以创建已经支持的各种类型.NET Core 应用程序。

dotnet new 命令用来创建.NET Core 的项目相关文件，例如用来描述项目的 csproj 文件，项目模板中自带的一些页面和代码文件等。dotnet new 的参数如命令 3.1 所示。

```
dotnet new <TEMPLATE> [-lang|--language] [-n|--name]
[-o|--output] [-all|--show-all] [-h|--help]
[Template options] [--force] [--type] [-i|--install]
[-u|--uninstall]
dotnet new <TEMPLATE> [-l|--list]
dotnet new [-all|--show-all]
dotnet new [-h|--help]
```

命令 3.1 dotnet new

其中 TEMPLATE 参数用来指明创建新.NET 项目的项目模板。目前，.NET Core 支持的项目模板主要类型如表 3.1 所示。

表 3.1 dot new 项目模板明细表

项目模板	项目类型	支持语言
console	创建一个.NET Core 控制台应用项目	C# VB.NET F#
classlib	.NET Core 类库项目	C# VB.NET F#
mstest	创建一个 mstest 框架为基础的单元测试项目	C# VB.NET F#
xunit	创建一个 XUnit 开源测试框架为基础的单元测试项目	C# VB.NET F#
web	创建一个空的 ASP.NET Core Web 项目	C#
mvc	创建一个 ASP.NET Core MVC Web 项目	C# F#
razor	创建一个支持 Razor 页面的 ASP.NET Core MVC 项目	C#
webapi	创建一个 ASP.Net Core WebAPI 项目	C#
nugetconfig	创建一个用于制作 NuGet 包的配置文件	
sln	创建一个与 Visual Studio 兼容的 sln 解决方案文件	
page	创建一个仅支持 Razor 视图的 ASP.NET Core 项目	
viewimports	创建一个 ASP.NET Core MVC 使用的视图模板 _ViewImports.cshtml 文件	
viewstart	创建一个 ASP.NET Core StartMVC 使用的视图模板 _ViewStart.cshtml 文件	

参数-lang 或--language 用于指定项目所使用的编程语言。目前.NET Core 的一些项目模板可以指定 C#、VB.NET 或者 F# 作为编程语言，其他的编程语言暂不支持。在 Linux 和 macOS 上，有一个常识：参数通常分为长参数（以--开头）和短参数（以-），lang 作为 language 的缩写是以-为开头的，而 language 把参数名写全了，因此使用--作为开头。

参数-n 或--name 用来指定项目的名称，如果不指定项目名称，那么 dotnet new 将会使用当前所在目录的目录名称作为项目的名称。

参数-o 或--output 用来指定 dotnet new 生成的项目文件的输出目录。在指定这个参数后，dotnet new 会在当前目录中创建一个指定名字的子目录，并将生成的项目文件放入子目录中。

参数-all 或--show-all 用来显示 dotnet new 所支持的项目模板信息。

参数-l 或--list 用来显示 dotnet new 的全部参数帮助信息和支持的项目模板信息。

参数-h 或--help 用来显示 dotnet new 的全部参数帮助信息，支持的项目模板信息和使用样例。

参数--force 让 dotnet new 生成的全新项目文件覆盖现有项目文件。

参数--type 过滤显示 dotnet new 支持的项目模板。--type 默认支持的类型有 project、item 和 other。例如，可以使用 dotnet new --type item 来显示 dotnet new 支持创建的单个文件类型，例如 sln、viewimport 和 viewstart 类型。

参数-i 或--install 用来安装自定义项目模板。自定义项目模板格式与 Visual Studio 支持的自定义项目模板相同，都是一个 zip 文件。

参数-u 或--uninstall 用来卸载已安装的自定义项目模板。

3.3 .NET Core 项目的迁移

对于早期版本的如.Net Core 1.0 或者 1.1 版本的应用程序，dotnet 命令行工具提供了 dotnet migrate 命令来帮助开发者从低版本的项目文件迁移到高版本的项目文件。

dotnet migrate 迁移命令的语法如命令 3.2 所示。

```
dotnet migrate [<SOLUTION_FILE|PROJECT_DIR>] [-t|--template-file]
[-v|--sdk-package-version] [-x|--xproj-file]
[-s|--skip-project-references] [-r|--report-file]
[--format-report-file-json] [--skip-backup] [-h|--help]
```

命令 3.2 dotnet migrate

dotnet migrate 既支持根据解决方案文件 sln 以递归的形式迁移整个解决方案的所有项目，也可以通过指定一个单独的项目路径来迁移单个.Net Core 项目。从目前的具体情况来看，dotnet migrate 的主要作用是根据指定的 sln 文件或者 JSON 格式的.NET 1.x 项目的 project.json 文件内容分析项目之间的引用关系，并把 JSON 格式的项目内容翻译成 MSBuild 支持的 XML 格式的 csproj 文件，最后把旧的 project.json 格式的项目文件删除。

参数-t 或--template-file 用来显式地指定一个 MSBuild 模板，让要转化的项目以这种项目模板作为目标进行转化。.NET Core 2.0 支持的项目模板可参考 dotnet new 命令一节中支持的项目模板列表。

参数-v 或--sdk-package-version 用来指定项目迁移后将基于哪个.NET Core 版本。默认情况下，dotnet migrate 进行迁移操作是不会修改项目依赖的.NET Core 版本的。对于一个.NET Core 1.x 的项目，如果不指定这个参数，那么项目迁移之后仅仅是把 project.json 文件转化为 MSBuild 格式的 csproj 文件，但是并不会强制升级项目所依赖的.NET Core 版本。如果想把一个.NET Core 1.x 项目升级到.NET Core 2.0，那么需要通过-v 或者--sdk-package-version 参数指定.NET Core 版本，如命令 3.3 所示。

```
dotnet migrate -v netcoreapp2.0
```

命令 3.3 dotnet 项目迁移到 2.0

参数-x 或--xproj-file 用来指定 xproj 文件的位置。如果当前文件夹内不止一个 xproj 文件，则必须指定该参数。xproj 文件是.NET Core 1.x 中用来描述构建配置的文件。由于.NET Core 1.x 期望获得 Visual Sudio 和 Xamarin Studio（现在已经更名为 Visual Studio for Mac）等集成开发环境之间构建的兼容性，因此发明了 xproj 文件。这个文件以 XML 格式的形式描述了构建一个.NET Core 1.x 项目的基本参数。由于是.NET Core 1.x

定义的 xproj,因此被所有支持.NET Core 1.x 开发的集成开发环境所支持。在.NET Core 2.0 时代,项目文件将重新回归 csproj 或 vbproj 等项目文件类型,构建参数包含于 csproj 等项目文件中。通常情况下,project.json 文件和 xproj 文件共存于同一个目录下,dotnet migrate 可以自动定位 xproj 文件的位置。在一些特殊情况下,就需要通过-x 或--xproj-file 来指定待转换项目的 xproj 文件的路径。

参数-s 或--skip-project-references,用来告诉 dotnet migrate 在进行项目迁移时,仅迁移当前项目,而不对其引用的项目进行迁移。而在默认情况下,dotnet migrate 会根据 project.json 文件中描述的项目引用关系,递归式地将全部相关项目进行迁移。

参数-r 或--report-file 用来指定迁移过程中产生的迁移报告的保存路径。如果不指定这个参数,就不会产生迁移报告。

参数--format-report-file-json 将迁移报告转化成 json 格式文件进行输出。

参数--skip-backup 在指定 dotnet migrate 操作时不对待迁移项目进行备份,直接执行迁移操作并删除 project.json 文件。在默认情况下,即不指定该参数时,dotnet migrate 需要先备份整个项目再执行迁移操作。

3.4 .NET Core 项目的构建

.NET Core 2.0 项目的构建主要依赖于 MSBuild 实现。通过 MSBuild 读取项目文件中的构建配置,调用编译器、脚本等完成一系列的构建动作。通过项目构建,可以获得用于执行的二进制输出结果。

dotnet build 命令用来构建指定的项目和指定项目的依赖项目。通过构建,得到.NET Core 的二进制可执行输出。dotnet build 命令语法如命令 3.4 所示。

```
dotnet build [<PROJECT>] [-o| --output] [-f| --framework]
[-c| --configuration] [-r| --runtime] [--version-suffix]
[--no-incremental] [--no-dependencies] [-v| --verbosity]
[-h| --help]
```

命令 3.4 dotnet build

如果要编译的项目不在当前目录,那么可以通过 dotnet build 项目所在目录的方式进行编译,即使用<PROJECT>参数。如果没有指定项目目录,就编译当前目录下的项目。

参数-o 或--output 用来指定构建结果的输出目录。项目经过构建而生成的最终二进制可执行内容将被保存在指定目录下。

参数-f 或--framework 用来指定未来的编译结果要运行在哪一个.NET Framework 版本上。并且,这个 Framework 版本已经在该项目文件中指定了。这也很好理解,不能指望一个为.NET Core 2.0 编写的项目可以运行在.NET Framework 2.0 版本上,因此目标框架必须在项目文件中已经声明过。Framework 通常按简短的目标框架名字对象(Target Framework Moniker,TFM)来表示。在给定--framework 参数时,使用 TFM 名称即可,详见表 3.2 所示。

表 3.2 简短目标框架与.NET 版本对照表

名　称	缩　写	TFM
.NET Standard	netstandard	netstandard1.0 netstandard1.1 netstandard1.2 netstandard1.3 netstandard1.4 netstandard1.5 netstandard1.6 netstandard2.0
.NET Core	netcoreapp	netcoreapp1.0 netcoreapp1.1
.NET Framework	net	net11 net20 net40 net45 net451 net452 net46 net461 net462

参数-c 或--configuration 用来指定构建的配置。默认情况下,项目会以 Debug 模式进行构建,如果需要构建发布版本,需要显式地指定为 Release。

参数-r 或--runtime 用来指定目标操作系统,即构建出的产品将运行在哪个操作系统上。指定运行时将通过运行时标识符(RID)来设定。RID 用于识别运行应用程序或资产(即程序集)的目标操作系统。

一个标准的 RID 的构成是[os].[version]-[arch],即操作系统,版本和 CPU 架构。例如:osx.10.11-x64 表示 MacOS 操作系统版本号 10.11,64 位版本。以下是主要的 RID 标识符:

1. Windows RID

1) Windows 7/Windows Server 2008 R2

(1) win7-x64

(2) win7-x86

2) Windows 8/Windows Server 2012

(1) win8-x64

(2) win8-x86

(3) win8-arm

3）Windows 8.1/Windows Server 2012 R2

（1）win81-x64

（2）win81-x86

（3）win81-arm

4）Windows 10/Windows Server 2016

（1）win10-x64

（2）win10-x86

（3）win10-arm

（4）win10-arm64

2. Linux RID

1）Red Hat Enterprise Linux 操作系统

rhel.7-x64

2）Ubuntu 操作系统

（1）ubuntu.14.04-x64

（2）ubuntu.14.10-x64

（3）ubuntu.15.04-x64

（4）ubuntu.15.10-x64

（5）ubuntu.16.04-x64

（6）ubuntu.16.10-x64

3）CentOS 操作系统

centos.7-x64

4）Debian 操作系统

debian.8-x64

5）Fedora 操作系统

（1）fedora.23-x64

（2）fedora.24-x64

6）OpenSUSE 操作系统

（1）opensuse.13.2-x64

（2）opensuse.42.1-x64

7）Oracle Linux 操作系统

（1）ol.7-x64

（2）ol.7.0-x64

（3）ol.7.1-x64

（4）ol.7.2-x64

8）目前支持的 Ubuntu 衍生操作系统

（1）linuxmint.17-x64

(2) linuxmint.17.1-x64

(3) linuxmint.17.2-x64

(4) linuxmint.17.3-x64

(5) linuxmint.18-x64

3. macOS 操作系统

(1) osx.10.10-x64

(2) osx.10.11-x64

(3) osx.10.12-x64

由于 Linux 的发布分支太多,因此这里逐一列出对应的 RID 以方便读者在日后项目构建过程中查找对应的运行时标识符。

参数--version-suffix 用来指定在项目文件的版本字段中定义星号(*)的版本后缀。格式遵循 NuGet 的版本指南。如需了解具体规范情况,可参考 David Ebbo 的博客文章:http://blog.davidebbo.com/2011/01/nuget-versioning-part-1-taking-on-dll.html。

参数--no-incremental 用来指定构建时采用全量构建方式。强制清理之前的构建结果并进行全量构建。在项目构建时,出于性能的考虑往往采用增量构建的方式,即只构建从上次构建结束后修改过的代码部分,保留之前构建结果中可以使用的部分,这是构建的默认方式。这个参数指定不采用增量构建的方式,就意味着要把项目中全部的代码都执行构建动作,耗时较长。

参数--no-dependencies 用来指定构建时,忽略项目和项目之间的引用关系,只构建当前项目,而不是一并构建当前项目引用的项目。

参数-v 或--verbosity 用来指定构建过程中的输出内容级别。输出内容级别按照输出信息由少到多分为静默 q[uiet],最少 m[inimal],正常 n[ormal],详细 d[etailed]和诊断 diag[nostic]。构建的操作者可以通过 MSBuild 输出信息监控构建的整个流程。

3.5 .NET Core 项目的发布

.NET 项目在经过构建之后,二进制输出结果和相关第三方依赖库可以被打包发布到目标操作系统上进行运行。发布打包是通过 dotnet publish 命令完成的。这对制作 docker 镜像很有帮助。

dotnet publish 命令,即发布命令。用于将构建产生的二进制输出和依赖库打包输出到运行应用的宿主操作系统的文件夹中。dotnet publish 语法如命令 3.5 所示。

```
dotnet publish [<PROJECT>] [-f|--framework] [-r|--runtime]
[-o|--output] [-c|--configuration] [--version-suffix]
[-v|--verbosity] [-h|--help]
```

命令 3.5 dotnet publish

其实 dotnet publish 是一个相对高阶的命令,这个命令在执行时会先判断当前项目是否在上一次构建之后有改动。如果没有就直接进行打包操作。如果有改动,那么就会调用 dotnet build 命令对项目先执行构建,然后再进行发布操作。

发布的内容主要包括以下几个部分:

(1) 代码编译后的中间语言(IL)输出结果,例如 dll 动态库。

(2) 包含所有项目依赖定义的\. deps. json 文件。

(3) 用来指定应用程序期望的共享运行时的文件,以及运行时的其他配置选项的\. runtime. config. json。

(4) 第三方依赖库,也就是项目中 NuGet 本地缓存文件夹中的内容。

发布其实还分为两种类型,一种是自包含类型(self-contained),另一种是框架依赖(framework dependences)。两种区别主要在于是否将. NET Core 作为项目输出的一部分发布到输出目录中。

参数< PROJECT >用来指定要发布的项目的项目文件,如果不指定默认就是发布当前目录下的项目。

参数-f 或--framework 用来指定发布的目标框架。详情请参考 dotnet build --framework 参数。

参数-r 或--runtime 用来指定未来输出的二进制内容运行的操作系统,详情请参考 dotnet build --runtime 参数。

参数-o 或--output 用来指定发布目录路径。

参数-c 或--configuration 用来指定构建的配置。详情请参考 dotnet build --configuration 参数。

参数--version-suffix 用来指定发布版本号码的后缀。具体详情请参考 dotnet build --version-suffix 参数。

参数-v 或--verbosity 用来指定输出信息的详细程度。具体详情请参考 dotnet build --verbosity 参数。

3.6 对. NET Core 项目进行管理

一个功能相对完整的. NET Core 应用,往往不是只有一个. NET Core 项目,而是由一组项目来实现。这就需要实现对项目的组织和项目的引用关系的管理。dotnet 命令行工具也提供了一系列的命令帮助开发人员实现这些功能。

3.6.1 dotnet sln 命令介绍

dotnet sln 命令用来管理解决方案下的各个项目。功能包括查看、添加和删除解决方案下的项目。具体语法如命令 3.6 所示。

```
dotnet sln [<SOLUTION_NAME>] add <PROJECT> <PROJECT> ...
dotnet sln [<SOLUTION_NAME>] add <GLOBBING_PATTERN>
dotnet sln [<SOLUTION_NAME>] remove <PROJECT>...
dotnet sln [<SOLUTION_NAME>] remove <GLOBBING_PATTERN>
dotnet sln [<SOLUTION_NAME>] list
dotnet sln [-h|--help]
```

命令 3.6 dotnet sln

其中<SOLUTION_NAME>是待操作的解决方案名称，如果没有指定，即认为是当前目录下的解决方案。

add <PROJECT>和 remove <PROJECT>用来向解决方案中添加或者删除指定的一个或者多个项目。

add <GLOBBING_PATTERN>和 remove <GLOBBING_PATTERN>用来以通配符的方式，向解决方案添加或者删除一系列的项目。一些项目具有统一的前缀或者后缀，例如公司名称，那么就可以通过前缀或者后缀加上通配符的方式来批量操作。例如一些项目以 MS 开头，那么 add MS* 就可以将全部以 MS 开头的项目添加到解决方案中。

list 用来显示指定的解决方案中到底有多少个项目。

3.6.2 项目之间的引用管理

在整个解决方案的开发过程中，项目和项目之间存在引用关系。这些引用关系的添加和删除需要使用相关命令进行维护，如命令 3.7 所示。

```
dotnet add [<PROJECT>] reference [-f|--framework]
<PROJECT_REFERENCES> [-h|--help]
dotnet remove [<PROJECT>] reference [-f|--framework]
<PROJECT_REFERENCES> [-h|--help]
dotnet list [<PROJECT>] reference [-h|--help]
```

命令 3.7 dotnet add/remove

参数<PROJECT>用来指定被操作的项目，如果没有指定那么默认就是当前目录下的项目。

<PROJECT_REFERENCES>用来指定要添加或者删除的引用项目。

参数-f 或--framework 用来指明引用目标框架，使用 TFM 名称。

list 用来查看指定项目的全部引用关系。

以上操作其实是对指定项目的项目文件，例如 C# 项目文件(csproj)的<ProjectReference>元素进行添加、删除和读取。

3.6.3 项目的包管理

除了在解决方案的项目和项目之间存在引用关系，更多的情况下，一个项目还要引用许多已经发布的 NuGet 包。对于项目引用的 NuGet 包的管理，也有相应的命令，如命令 3.8 所示。

```
dotnet add [<PROJECT>] package <PACKAGE_NAME> [-v|--version]
[-f|--framework] [-n|--no-restore] [-s|--source]
[--package-directory] [-h|--help]
dotnet remove [<PROJECT>] package <PACKAGE_NAME> [-h|--help]
```

命令 3.8 dotnet add/remove package

<PROJECT>是待操作的项目，<PACKAGE_NAME>是 NuGet 包的名字。

参数-v 或--version 用来指定要引用的 NuGet 包的版本。

参数-f 或--framework 用来指明引用目标框架，使用 TFM 名称。

参数-n 或--no-restore 用来指明操作只修改一下项目文件，但是不执行 NuGet 包下载操作。

参数-s 或--source 用来指明搜索和下载 NuGet 包的源地址。

参数--package-directory 用来指明 NuGet 包下载后保存在本地的哪个目录下。

3.6.4 项目引用 NuGet 包的恢复

由于项目引用的第三方的 NuGet 包在 NuGet 服务器上随时可以搜索和下载，因此，一个.NET Core 的源代码项目文件夹中往往并不包含有 NuGet 包这部分内容。在项目被复制或者下载到本地以后，需要通过恢复命令，从 NuGet 服务器下载这些引用的 NuGet 包。dotnet restore 命令就是用来下载和恢复项目文件中指定的 NuGet 包的命令，如命令 3.9 所示。

```
dotnet restore [<ROOT>] [-s|--source] [-r|--runtime] [--packages]
[--disable-parallel] [--configfile] [--no-cache]
[--ignore-failed-sources] [--no-dependencies] [-v|--verbosity]
[-h|--help]
```

命令 3.9 dotnet restore

参数<ROOT>用来指定要恢复的项目文件。如果没有指定，那么默认就是当前目录下的项目。

参数-s 或--source 用来指定从哪个 NuGet 源进行下载。目前有三个可以指定的源，分别是 http://www.nuget.org，http://www.nuget.org/api/v3 和 http://www.nuget.org/api/v2/package。

参数-r 或--runtime 用来指定目标操作系统，即构建出的产品将运行在哪个操作系统上面。指定运行时将通过运行时标识符(RID)来设定。RID 用于识别运行应用程序或资产(即程序集)的目标操作系统。

参数--packages 用来指定下载的 NuGet 包的本地存放路径。

参数--disable-parallel 用来禁用并行下载方式，采用顺序方式逐个恢复每个项目，依次下载 NuGet 包。

参数--configfile 通过指定 NuGet 配置文件（NuGet. config）的方式传递参数，下载 NuGet 包。

参数--no-cache 禁用本地 HTTP 缓存，直接通过网络下载。

参数--ignore-failed-sources 设置如果本地有符合条件的 NuGet 包，那么对于 NuGet 服务器访问失败仅作为警告。

参数--no-dependencies 指定仅恢复下载当前项目，对于当前项目的依赖项目采取忽略的态度。

参数-v 或--verbosity 用来指定输出信息的详细程度。具体详情请参考 dotnet build --verbosity 参数。

3.7 .NET Core 应用的执行

dotnet run 命令是一个非常方便的工具，它可以直接运行一个源代码项目。这对于从命令行进行快速迭代开发是非常有用的。作为一个相对高阶的命令，dotnet run 会先根据项目文件的配置项调用 dotnet restore 恢复项目，然后再调用 dotnet build 对项目进行构建，最后再加载二进制输出运行，如命令 3.10 所示。

```
dotnet run [ - c| -- configuration] [ - f| -- framework] [ - p| -- project]
[[ -- ] [application arguments]] [ - h| -- help]
```

命令 3.10 dotnet run

参数-c 或--configuration 用来指定构建的配置。详情请参考 dotnet build --configuration 参数。

参数-f 或--framework 用来指定未来的编译结果要运行在哪一个. NET Framework 版本上。

参数-p 或--project 用来指定要运行的项目。

通过--可以传入其他运行程序所需的应用程序自定义参数。

值得注意的是，如果想让 dotnet 加载一个动态库运行，那么命令是 dotnet myDLL. dll 而不是 dotnet run myDLL. dll。

3.8 将. NET Core 项目发布成 NuGet 包

. NET Core 允许开发人员将自己的代码成果打包，与其他的开发人员和项目进行分享。分享的方式是通过 NuGet 来实现的。这其实与 Java 世界的 Maven 是对标的。

3.8.1 dotnet pack 命令介绍

dotnet pack 命令用来把指定的.NET Core 代码项目生成 NuGet 包。dotnet pack 语法如命令 3.11 所示。

```
dotnet pack [<PROJECT>] [-o|--output] [--no-build]
[--include-symbols] [--include-source] [-c|--configuration]
[--version-suffix <VERSION_SUFFIX>] [-s|--serviceable]
[-v|--verbosity] [-h|--help]
```

命令 3.11 dotnet pack

参数<PROJECT>用来指定要进行 NuGet 打包的项目目录，如果不指定，那么默认就是当前目录。

参数-o 或--output 用来指定打包完成后的 NuGet 包的输出目录。

参数--no-build 用来告知 dotnet pack 命令在打包时无需构建。默认情况下，dotnet pack 命令在打包之前会先对项目进行构建。

参数--include-symbols 用来告诉 dotnet pack 将构建的副产品符号表文件也一并打包。打包符号表文件会让 NuGet 包变得较大，但是同时也方便了其他开发者对其进行调试和查找问题。因此，在非正式版本的 NuGet 包上，可以加入符号表文件。

参数--include-source 告诉 dotnet pack 不仅要将可执行的二进制文件进行打包，还要将项目的源代码文件也一并打包。这一参数并不常用。

参数-c 或--configuration 用来指定构建的配置。详情请参考 dotnet build --configuration 参数。

参数--version-suffix 用来指定发布版本号码的后缀。具体详情请参考 dotnet build --version-suffix 参数。

参数-s 或--serviceable 用来标明当前 NuGet 包是否被 Windows Update 支持更新。对于一些 NuGet 库出现重要的安全隐患时，Windows Update 可以帮忙向计算机推送紧急安全更新。

参数-v 或--verbosity 用来指定输出信息的详细程度。具体详情请参考 dotnet build --verbosity 参数。

3.8.2 dotnet nuget push 命令介绍

在本地制作好了 NuGet 安装包之后，就需要将安装包上传到 NuGet 服务器然后发布。dotnet nuget push 命令就是用来将一个 NuGet 包推送到服务器并向用户进行发布。语法如命令 3.12 所示。

```
dotnet nuget push [<ROOT>] [-s|--source] [-ss|--symbol-source]
[-t|--timeout] [-k|--api-key] [-sk|--symbol-api-key]
[-d|--disable-buffering] [-n|--no-symbols]
[--force-english-output] [-h|--help]
```

命令 3.12 dotnet nuget push

参数<ROOT>用来指明要推送到服务器，并进行发布的 NuGet 包是哪一个。

参数-s 或--source 用来指明 NuGet 服务器上这个包的源 URL 地址。目前可以使用的 NuGet 发布源有三个，分别是：http://www.nuget.org，http://www.nuget.org/api/v3 和 http://www.nuget.org/api/v2/package。一般来说，这个参数是必须要指定的，如果不指定，命令将通过读取本地 nuget.config 文件中的默认配置项对 NuGet 包进行上传。本地 NuGet 配置文件保存在%AppData%\NuGet\NuGet.config（Windows）或者 $HOME/.local/share（Linux/macOS）路径下。

参数-ss 或--symbol-source 用来指明该 NuGet 包对应的源代码服务器 URL 地址。以便其他开发者对其进行调试。

参数-t 或--time 用来指明上传 NuGet 包的超时时间，单位是秒(s)。默认值是 300(s)，也就是 5min。

参数-k 或--api-key 用来指定 NuGet 发布时所必需的 API Key，这个秘钥由 NuGet 网站进行分发。

参数-sk 或--symbol-api-key 用来指定符号表服务器的 API Key。

参数-d 或--disable-buffering 用来指定发布 NuGet 包时，让 HTTP 服务器禁用缓存，以减少内存的使用量。

参数-n 或--no-symbols 用来指定发布时不向 NuGet 服务器推送符号表文件，即使符号表文件已经打包。

参数--force-english-output 指定所有日志输出使用英语。

3.8.3 dotnet nuget locals 命令介绍

dotnet nuget locals 命令用来查看或删除本机上的 NuGet 包以及相关信息。具体的语法如命令 3.13 所示。

```
dotnet nuget locals <CACHE_LOCATION> [(-c|--clear)|(-l|--list)]
[--force-english-output] [-h|--help]
```

命令 3.13 dotnet nuget locals

<CACHE_LOCATION>用来指定要查看的 NuGet 包在本机的位置。一般来说，NuGet 包在本机会保存在三个位置：HTTP 缓存 http-cache，NuGet 全局包位置 global-

packages 和临时缓存 temp。如果要一起查看这三个位置，那么需要使用 all 作为参数。

参数-c 或--clear 用来清理指定位置的 NuGet 包缓存信息。

参数-l 或--list 用来查看指定位置的 NuGet 包缓存信息。

参数--force-english-output 指定所有日志输出使用英语。

3.8.4 dotnet nuget delete 命令介绍

dotnet nugget delete 命令用来在 NuGet 服务器上删除一个指定的发布包。具体语法如命令 3.14 所示。

```
dotnet nuget delete [<PACKAGE_NAME><PACKAGE_VERSION>]
[-s| --source] [--non-interactive] [-k| --api-key]
[--force-english-output] [-h| --help]
```

命令 3.14 dotnet nuget delete

参数<PACKAGE_NAME>为 NuGet 包名称，该参数是必须要提供的。

参数<PACKAGE_VERSION>是指定要删除的 NuGet 包的版本信息，该参数也是必须要提供的。

参数-s 或--source 指定从哪个 NuGet 源进行删除。目前有三个可以指定的源，分别是 http://www.nuget.org，http://www.nuget.org/api/v3 和 http://www.nuget.org/api/v2/package。

参数--non-interactive 指定在进行删除操作时，无须提示直接删除。

参数-k 或--api-key 用来指定 NuGet 发布时所必需的 API Key。

参数--force-english-output 指定所有日志输出使用英语。

通过以上 dotnet pack、dotnet nuget push、dotnet nuget locals 和 dotnet nuget delete 等命令，开发人员可以完成本地.NET Core 项目的打包、发布和管理任务。希望广大读者多贡献自己的代码到 NuGet 让.NET Core 社区形成良性循环。

3.9 dotnet 相关命令的使用

用户都知道，.NET 项目都是以解决方案包含项目的方式组织代码体系结构的。下面通过 dotnet 的相关命令创建一个可以用于开发的解决方案。

3.9.1 创建解决方案和项目

首先，需要创建的是解决方案。可以使用 dotnet new sln 命令创建一个名为 eShop 的解决方案，如图 3.1 所示。

这就相当于利用 Visual Studio 创建一个空白的解决方案项目。

```
[micl@centos7dotnet demos]$ dotnet new sln -o eShop
The template "Solution File" was created successfully.
```

图 3.1 创建解决方案

然后，创建解决方案中的相关项目。为了让操作具有典型性，下面的步骤会创建一个类库项目 eShop. BizLogic，一个支持 MVC 的 Web 项目 eShop. Web，一个 Web API 项目 eShop . Service。其中，eShop. Web 和 eShop. BizLogic 项目同时引用 eShop. Logic 项目。

在创建这三个项目之前，需要先跳转到 eShop 目录下，然后再通过 dotnet new 命令分别创建这三个项目，如命令 3.15 所示。

```
cd eShop
dotnet new classlib -o eShop.BizLogic
dotnet new mvc -o eShop.Web
dotnet new webapi -o eShop.Service
```

命令 3.15 创建项目

这里的 dotnet new 实际上等价于 Visual Studio 中的“新建项目”功能，用来帮助开发人员创建开发.NET Core 应用程序所需要的项目文件和解决方案。以 eShop. Web 项目为例，通过指定-o 参数，dotnet new 会先在当前目录下创建一个名为 eShop. Web 的文件夹，然后生成一个 eShop. csproj 的项目文件(默认编程语言是 C#)，然后再给项目添加应用程序入口文件 Startup. cs、应用程序配置文件 appsettings. json、控制器目录 Controller 以及其他 Web 页面相关文件。dotnet new 命令会在文件创建结束后，自动调用 dotnet restore 来执行一次项目恢复操作。

值得一提的是项目文件 csproj。在.NET 1.0 和 1.1.x 的各个版本中，使用 JSON 格式作为项目文件的格式，即 project. json 文件，而到了.Net Core 2.0 项目文件格式回归到 MSBuild 所支持的 XML 格式文件，图 3.2 显示了一个 csproj 文件的内容。

```
<Project Sdk="Microsoft.NET.Sdk.Web">

  <PropertyGroup>
    <TargetFramework>netcoreapp2.0</TargetFramework>
    <MvcRazorCompileOnPublish>true</MvcRazorCompileOnPublish>
    <PackageTargetFallback>$(PackageTargetFallback);portable-net45+win8+wp8+wpa8
1;</PackageTargetFallback>
    <UserSecretsId>aspnet-eShop.Web-12D8DA20-0A50-40CA-B9DC-5539091171B6</UserSe
cretsId>
  </PropertyGroup>

  <ItemGroup>
    <PackageReference Include="Microsoft.AspNetCore.All" Version="2.0.0-preview1
-final" />
  </ItemGroup>

  <ItemGroup>
    <DotNetCliToolReference Include="Microsoft.VisualStudio.Web.CodeGeneration.T
ools" Version="2.0.0-preview1-final" />
  </ItemGroup>
```

图 3.2 .NET Core 2.0 csproj 文件内容

请注意 XML 格式内容中的< PackageReference >标签，它的 Include 属性值为"Microsoft. AspNetCore. All"，意为该项目将引用 ASP. NET Core 技术栈的全部组件包。而在早期的 project. json 文件中，需要对每一个引用的包进行声明，如图 3.3 所示。

```
"dependencies": {
  "Microsoft.AspNetCore.Razor.Tools": {
    "version": "1.0.0-preview2-final",
    "type": "build"
  },
  "Microsoft.AspNetCore.Authentication.JwtBearer": "1.1.0",
  "Microsoft.AspNetCore.Diagnostics": "1.1.0",
  "Microsoft.AspNetCore.Diagnostics.EntityFrameworkCore": "1.1.0",
  "Microsoft.AspNetCore.Identity.EntityFrameworkCore": "1.1.0",
  "Microsoft.AspNetCore.Mvc": "1.1.0",
  "Microsoft.AspNetCore.Server.IISIntegration": "1.1.0",
  "Microsoft.AspNetCore.Server.Kestrel": "1.1.0",
  "Microsoft.AspNetCore.Session": "1.1.0",
  "Microsoft.AspNetCore.StaticFiles": "1.1.0",
  "Microsoft.EntityFrameworkCore.SqlServer": "1.1.0",
  "Microsoft.EntityFrameworkCore.SqlServer.Design": "1.1.0",
  "Microsoft.Extensions.Configuration.EnvironmentVariables": "1.1.0",
  "Microsoft.Extensions.Configuration.Json": "1.1.0",
  "Microsoft.Extensions.Configuration.UserSecrets": "1.1.0",
  "Microsoft.Extensions.Logging.Console": "1.1.0",
```

图 3.3 .NET Core 1.x 项目文件内容

这一改进使得引用第三方的软件包变得轻松容易，项目文件的内容也变得清爽了许多。当然，开发者也可以使用原来的方式，对每一个需要引用的软件包进行单独声明。

下一步，就是把这三个项目分别加入到 eShop 解决方案中，可以使用命令 3.16 来实现。

```
dotnet sln eShop.sln add eShop.BizLogic/eShop.BizLogic.csproj eShop.Web/eShop.Web.csproj
eShop.Service/eShop.Service.csproj
```

命令 3.16 添加项目到解决方案

在为解决方案添加项目引用时，不能使用项目文件夹，而是要指定项目文件。项目在解决方案中添加完成后，可以通过 dotnet sln list 命令进行查看，如图 3.4 所示。

```
[micl@centos7dotnet eShop]$ dotnet sln list
Project reference(s)
--------------------
eShop.BizLogic/eShop.BizLogic.csproj
eShop.Web/eShop.Web.csproj
eShop.Service/eShop.Service.csproj
```

图 3.4 查看解决方案包含的项目

3.9.2 设置项目的引用

项目添加进入解决方案之后，就是为具体的项目添加相关的引用。对于一个项目来说，既可以添加另一个项目引用，也可以通过 NuGet 添加一个第三方的类库引用。

首先,来看为一个项目 eShop. Web 添加对 eShop. BizLogic 项目的引用。在解决方案的根目录下,可以使用的命令如命令 3.17 所示。

```
dotnet add eShop.Web reference
eShop.BizLogic/eShop.BizLogic.csproj
```

命令 3.17 添加引用

添加完成后,通过查看 eShop. Web/eShop. Web. csproj 文件可见引用添加成功,如图 3.5 所示。

```
<ItemGroup>
  <ProjectReference Include="..\eShop.BizLogic\eShop.BizLogic.csproj" />
</ItemGroup>
```

图 3.5 配置文件添加引用

ItemGroup 元素中已经包含了对 eShop. BizLogic 项目的引用。eShop. Service 项目与 eShop . Web 项目操作时类似,不再赘述。

下面通过 dotnet 命令来调用 NuGet 添加一个第三方库的引用。例如,现在要为 eShop . BizLogic 项目添加一个 JSON. NET 的引用。在添加之前,首先要在 NuGet 网站上(http://www. nuget. org)查找到 JSON. NET NuGet 包,并通过查看这个包首页上的 Dependices 来判断这个 NuGet 包是否支持. NET Core。就目前而言,并不是所有的 NuGet 包都默认支持. NET Core。这需要开发人员添加包引用之前仔细审查。最后获得这个包的 URL 地址,即:https://www. nuget. org/packages/Newtonsoft. Json/,这个地址将作为 source 参数的值传入 dotnet add package 命令中。添加引用的命令如命令 3.18 所示。

```
dotnet add eShop.BizLogic package Newtonsoft.Json -- source
https://www.nuget.org/packages/Newtonsoft.Json
```

命令 3.18 添加 nuget 引用

在添加完成后,可以通过查看 eShop. BizLogic/eShop. BizLogic. csproj 文件内容确认添加是否成功,如图 3-6 所示。

```
<Project Sdk="Microsoft.NET.Sdk">
  <PropertyGroup>
    <TargetFramework>netstandard2.0</TargetFramework>
  </PropertyGroup>
  <ItemGroup>
    <PackageReference Include="Newtonsoft.Json" Version="10.0.3" />
  </ItemGroup>
</Project>
```

图 3.6 配置文件添加 nuget 包

在图 3.6 中，可以看到< PackageReference >元素引用了 Newtonsoft. Json 包。

3.9.3 添加测试工程

在代码开发过程中，开发人员还需要编写单元测试代码，以便对自己编写的代码和功能模块做有效性测试。dotnet 命令也同时可以完成对单元测试项目的添加操作。

首先，需要在解决方案文件夹中创建一个单元测试项目，dotnet new 命令同时支持 XUnit 和 MSTest 两种测试项目的创建。一般来说，XUnit 可能在开发者中间更流行一些，以下命令就是用来为 eShop. BizLogic 项目创建一个单元测试项目，并把这个项目添加到解决方案中，如命令 3.19 所示。

```
dotnet new xunit  - o eShop.BizLogic.unittests
dotnet sln add
eShop.BizLogic.unittests/eShop.BizLogic.unittests.csproj
```

命令 3.19 添加测试项目

在单元测试项目创建好之后，还需要添加对 eShop. BizLogic 项目的引用，以便单元测试代码可以完成对 eShop. BizLogic 相关函数的调用。命令 3.20 用来给 eShop. BizLogic . unittests 项目添加 eShop. BizLogic 项目的引用。

```
dotnet add eShop.BizLogic.unittests reference
eShop.BizLogic/eShop.BizLogic.csproj
```

命令 3.20 给测试项目添加引用

其他项目对应的单元测试项目与此类似，不再赘述。

通过以上操作，开发者可以用命令行方式快速地创建一个基于. NET Core 2.0 的解决方案。同时这个解决方案也会被 Visual Studio 和 Visual Studio for Mac 所兼容。这就意味着今后微软的构建引擎 MSBuild 将会横跨 Windows、Linux 和 macOS 三个操作系统。MSBuild 构建引擎也已经开源了，有兴趣的读者可以访问 https://github.com/microsoft/msbuild 获得有关这个构建引擎的更多信息。基于 MSBuild 的构建引擎的项目文件是互相兼容的，所以用 dotnet 命令行创建的 eShop 项目可以直接被 Visual Studio 和 Visual Studio for Mac 打开，图 3.7 和图 3.8 就是 eShop 项目在这两款 IDE 中不同的样子。

开发人员可以同时使用 Visual Studio Code、Visual Studio for Mac 和 Visual Studio 在 Linux、macOS 和 Windows 上对 eShop 解决方案进行同步开发，这就是弃用. NET Core 1.0/1.1版本 JSON 格式项目文件的好处。

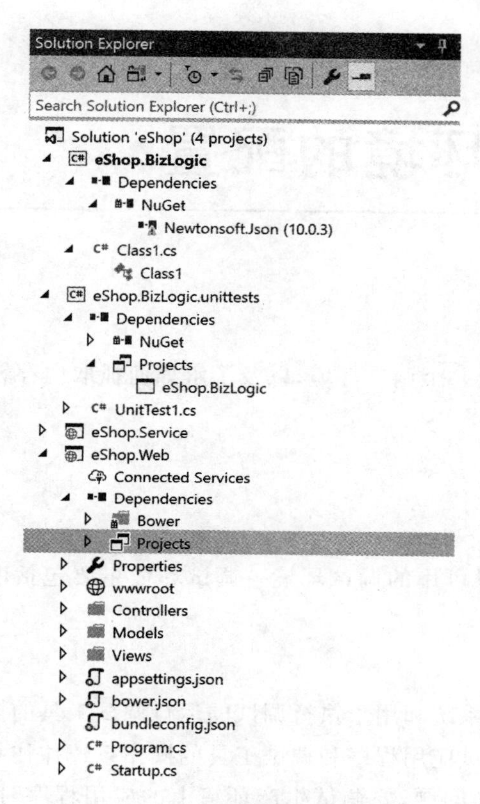

图 3.7 Visual Studio 视图

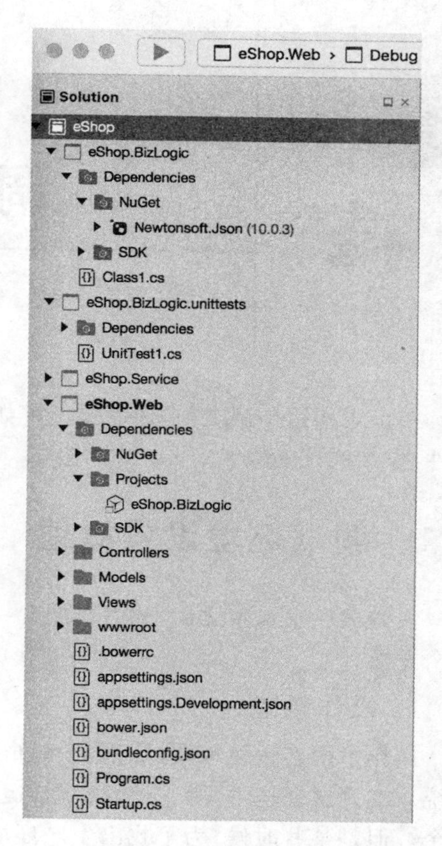

图 3.8 Visual Studio for Mac 视图

第 4 章

调试环境的配置

在正式开始调试之前，还需要了解如何配置一个调试环境，以及了解如何抓取内存转储文件，作为调试的输入。

4.1 调试环境设置概述

在调试任意程序之前，都需要配置一个随时可用的调试环境。调试环境主要包括以下几个方面。

1. 操作系统

操作系统是指运被调试的程序的宿主操作系统和用于执行调试的运行调试工具的操作系统。在测试环境下，为了简便操作，运行被调试应用程序和调试工具的操作系统往往是同一个。但是某些时候，为了找出生产环境的致命问题，要调试生产环境上的应用程序时，往往不能直接在生产服务器上运行调试工具。因此，经常是两个操作系统环境。

在运行被调试应用程序的宿主操作系统上，通常需要配置以下几个内容：

(1) 应用程序出现严重问题时，操作系统的行为。不恰当的配置有可能导致应用程序在出现严重问题时，操作系统没有部分保留或者没有保留故障现场。最终无法有效地帮助调试人员分析问题的原因。

(2) 抓取内存转储文件时，操作系统的配置，保证抓到调试人员所期望的数据。内存转储文件依照操作系统的配置会保存不同种类的信息。保存的信息种类越多越全，占用的磁盘空间也就越大。为此，操作系统大多都会提供多种选项，让系统管理员来自行决定和配置要抓取的内存转储文件的内容和大小。

(3) 内存转储文件的抓取工具。高效、便于使用的内存转储文件抓取工具是在应用程序发生问题时获取内存转储文件的有力保障。因此，往往需要在运行被调试应用程序的宿主操作系统上预先安装和配置好内存转储的抓取工具。当应用程序出现问题时，可以及时抓取内存转储文件。

(4) 相关日志文件的配置。帮助记录应程序的相关重要事件，以便帮助分析问题，方便调试人员了解在出现问题时到底发生了什么。

2. 调试工具

调试工具，英文名称为 Debugger，是指一种用于调试其他程序的计算机程序及工具。对于.NET Core 2.0，目前没有一款可以支持横跨全部操作系统平台的调试工具。Windows 上的调试工具主要是微软推出的 Debugging Tools for Windows，又称作 Windbg。在 Linux 和 macOS 上的调试器主要是 GNU Debugger，又称 GDB 和 Clang 家族的成员 LLDB。针对不同的平台选择不同的调试器，是现在调试.NET Core 应用唯一的选择。

3. 符号表文件

符号表文件是编译代码的副产物。符号表文件其实是一个数据库文件，在符号表文件中保存着代码中变量名称、代码行数与编译后的地址映射信息。符号表文件与编译的二进制输出是一一对应的关系，源代码的任意改变，都有可能影响到与符号表中代码行记录的对应关系。因此，一个发布版本的应用，必须与它编译时的符号表对应。有了符号表文件，调试时显示的地址信息将转换为变量名称或者代码，否则调试时看到的将是一组一组的地址信息，可读性很差，很难理解其中的代码逻辑。

符号表文件一般用于事后调试，因此符号表文件大多部署在调试计算机上，而不是生产服务器上。

对于调试者来说，符号表文件有操作系统符号表文件、.NET Core 符号表文件和应用程序符号表文件三种。操作系统的符号表文件，往往由操作系统的发行商发布在互联网上，.NET Core 和应用程序自己的符号表文件可通过自行编译获得。

4. 代码编辑器

代码编辑器是调试工作中的重要辅助工具。简单的代码编辑器如 Notepad++等，仅能提供文本编辑和简单的语法提示，高级的代码编辑器如 IntelliJ 和 Visual Studio Code 等，还可以支持调试和源代码管理等功能。当然，最强大的工具当属集成开发环境 IDE，Visual Studio、XCode 和 Eclipse 都属于这一类。但是由于这类工具体型庞大，且除了 Eclipse 都无法跨平台部署，因此不推荐使用。

代码编辑器通常也需要在调试计算机上安装和配置。

5. 相关日志文件

日志文件主要是操作系统和应用程序在相对重要的时间或者操作发生时，输出的相关记录信息文件。主要分为操作系统日志和应用程序日志。日志是判断和追溯操作系统和应用程序历史行为的重要依据。

4.2 Linux 操作系统调试环境设置

本节将介绍如何在 Linux 操作系统上配置一个可用的调试环境。这需要对 Linux 进行 ulimit 设置、安装和部署 LLDB 以及了解如何抓取内存转储文件的方法。

4.2.1 在 Linux 上设置 ulimit

ulimit 是一个 bash 的内置命令。ulimit 用于限制 shell 启动进程所占用的资源,支持以下各种类型的限制:所创建的内核文件的大小、进程数据块的大小、Shell 进程创建文件的大小、内存锁住的大小、常驻内存集的大小、打开文件描述符的数量、分配堆栈的最大大小、CPU 时间、单个用户的最大线程数、Shell 进程所能使用的最大虚拟内存。同时,它支持硬资源和软资源的限制。由于调试操作或者抓取内存转储文件需要占用较多的资源,因此需要通过 ulimit 命令解除当前登录用户的资源限制。否则可能会导致无法正确地加载调试器或者无法有效地抓取内存转储文件。这也是为什么不建议在生产环境上直接调试的重要原因之一。

在默认情况下,用户登录 Linux 终端是不允许抓取内存转储文件的。是否允许抓取内存转储文件,需要通过下面命令 4.1 来验证。

```
ulimit -c
```

命令 4.1 查看用户资源是否受限

如果命令的返回值是 0,那么就代表当前终端是不允许抓取内存转储文件的。开启这个功能需要通过 ulimit 命令解除登录用户资源限制,方法很简单,直接在命令行中输入命令 4.2。

```
$ sudo ulimit -c unlimited
```

命令 4.2 设置用户资源不受限

反观 Windows 操作系统,对每个远程桌面登录的用户默认没有开启配额限制,因此不需要进行类似的设置。

4.2.2 在 Linux 操作系统上部署调试器

一般来说,在操作系统上主动获取内存转储文件,需要部署调试器来实现内存转储文件的抓取。

在前文中,已经多次提到过内存转储文件。所谓内存转储文件,就是指应用程序在操作系统上运行到某一时刻的内存快照。内存转储文件可以反映在抓取的那一时刻应用程序代码运行的调用堆栈信息(Call Stack),包括堆和堆栈在内的应用程序内存的使用情况以及应用程序使用的其他资源的情况。通过内存转储文件,调试人员可以了解到应用程序运行的状态,代码执行的路径以及相关代码的调用关系。从而找出应用程序在实际运行过程中可能存在的诸如内存泄漏、运行缓慢、CPU 占用率高等问题。

在 Linux 操作系统上，抓取内存转储文件主要是通过调试器工具来完成，而 Linux 操作系统上主要的调试器工具是 GNU Debugger(GDB)和 LLDB。

GNU Debugger 是 GNU 组织领导开发的调试器，目的是帮助开发者在应用程序运行时调试崩溃等问题的工具。目前 GDB 可以支持 Ada、C、C++、Objective-C 和 Pascal 等多种语言。

LLDB 是下一代高性能编译环境 Clang 系统中的高性能调试器。其最主要的特点是高度的组件化设计，可以充分地利用 LLVM 项目中的现有库，例如 Clang 表达式解析器和 LLVM 反汇编程序。

GDB 和 LLDB 的主要差异在于 GDB 不是组件化设计，可扩展性不好，无法很好地支持调试插件。LLDB 具有更高效的运行性能，同时具有高可扩展性支持调试插件的开发。但是，对于抓取应用程序的挂起内存转储来说，可供选择的工具只有 LLDB，因为 GDB 暂时没有开放这样的命令。

对于 LLDB 调试器，还存在一个版本选择的问题。要知道，目前 LLVM 的生态处于快速发展期，Clang 和 LLDB 的版本更迭都较快。2017 年第四季度，LLDB 的版本已经发展到了 5.0 阶段。

但是.NET Core 的 LLDB 调试扩展由于是使用了特定版本的 LLDB SDK 创建的，因此只能支持特定的版本的 LLDB 调试器。因为 LLDB 是由 C/C++写成，在 SDK 的头文件中，任何函数声明的顺序发生改变都会引起内存中函数虚表的改变，所以无法让基于某个特定版本开发的.NET Core 调试扩展支持所有版本的 LLDB 调试器。目前，项目组已经意识到这个问题，未来会提供不绑定 LLDB 版本的调试扩展插件。

在.NET Core 1.x.x 和 2.0.x 的 SDK 中，.NET Core 调试器扩展是针对 LLDB 3.6 开发的。但是到了.NET Core 2.1.x 以后的版本，.NET Core 的调试器扩展是针对 LLDB 3.9开发的。LLDB 3.9 较 LLDB 3.6 在功能上、稳定性上都有了较大的提升。因此，推荐使用 LLDB 3.9 版本调试器作为今后调试工作的首选调试器。

用.NET Core 1.1 或者 2.0 编译的应用程序也可以使用 LLDB 3.9 调试器来进行调试。虽然编译器和调试器的版本都不一致，但是从.NET Core 1.1 到.NET Core 2.1 之间的演进过程中，运行时的关键数据结构没有变化，.NET Core 的运行时关键数据结构向后兼容。

使用针对.NET Core 2.1 的 LLDB 3.9 加.NET Core 2.1 针对 LLDB 3.9 编译的调试扩展组成的调试环境，也可以调试针对低版本.NET Core 编写的应用程序。这样的调试环境组合未来一段时间将是主流。因此推荐使用以上调试环境。

如果读者没有机会编译支持 LLDB 3.9 的.NET Core 调试扩展，在本书的代码中附带了已经编译好的版本供用户直接使用。

Linux x64 .NET Core 调试扩展程序下载地址：

https://github.com/micli/netcoredebugging/tree/master/Linux.x64.SOS.3.9

OSX x64 .NET Core 调试扩展程序下载地址：

https://github.com/micli/netcoredebugging/tree/master/OSX.x64.SOS.3.9

4.2.3 在 Linux 操作系统上抓取内存转储文件

在书中已经多次提及内存转储文件。所谓内存转储文件,就是应用程序进程在某一特定时刻的内存快照。通过分析应用程序在某个时刻内存中的代码和数据,可以了解到在特定时刻.NET Core 应用程序在做什么,以及相关的数据值。

通过内存快照分析问题,进行事后调试是查找应用程序问题的重要手段。因为在生产环境上,一旦应用程序出现了错误,就需要在短时间内先恢复应用程序的运行。因此,需要将问题现场做一个快照也就是内存转储文件,再在生产环境上重新启动应用程序。通过对内存转储文件的事后分析再确定问题的原因。其实在 Linux 和 macOS 操作系统上有很多工具来抓取内存转储文件。但是从易用性和使用的方便程度而言,目前只推荐两个工具:gcore 和 CreateDump。

gcore 工具最早出现在 FreeBSD 4.2 版本上(发行与 2000 年 11 月),作为 GDB 调试器组件的一部分,专门用来抓取内存转储给 GDB 调试器进行事后分析。这个工具现在是很多 Linux 发行版本的标配,macOS 也是默认安装的。开发人员可以拿起来就用,不需要事前准备。如果某个发行版本中没有 gcore 工具,可以通过安装 GDB 调试器来安装,如命令 4.3 和命令 4.4 所示。

```
$ sudo apt - get install gdb
```

命令 4.3 Debian/Ubuntu 安装 GDB

```
$ sudo yum install gdb
```

命令 4.4 Red Hat/CentOS 安装 GDB

gcore 的命令格式如命令 4.5 所示。

```
gcore[[-o file] pid
```

命令 4.5 gcore 命令格式

其实不同发行版本上的 gcore 还有一些其他的参数,从抓取内存转储文件的角度来说,一般情况下记住-o 参数用来指定文件名称,pid 用来指定进程 ID 即可。查看进程 ID 可以通过 ps 命令来实现,在后面章节的调试的实践步骤中会详细演示 ps 命令。

如果不指定文件名称，gcore 生成的内存转储文件会以 core. <进程 ID>作为内存转储文件名字，把文件保存在/tmp/文件夹中。

另一个内存转储命令是.NET Core 自带的 CreateDump。考虑到在实际调试工作中方便.NET 开发者随时对应用程序进行事后调试，在.NET Core 2.0 版本的 SDK 中自带 CreateDump 命令行工具帮助开发人员抓取内存转储。这个工具在 Windows 版本的.NET Core SDK 中并不存在，只存在于 Linux 和 macOS 中。另外需要注意的是，CreateDump 命令并没有被复制到/usr/local/bin 等系统文件夹中。建议复制一下，或者将.NET SDK 路径加入环境变量中。

CreateDump 的命令格式如命令 4.6 所示。

```
createdump [options] pid
```

命令 4.6　createdump 创建内存转储文件

以下参数需要关注：

-f，--name 指定转储文件路径和名称，如果不指定，默认名称是/tmp/coredump. <进程 ID>。

-n，--normal 指定工具生成 mini 转储文件。

-h，--withheap 指定工具生成 mini 转储时包含堆内存信息。

-t，--triage 创建分流 mini 转储文件。

-u，--full 创建完全内存转储文件。

-d，--diag 在生成转储文件时输出诊断信息。

同样，createdump 命令也需要使用 ps 命令查询到被调试进程的 ID，才能抓取内存转储文件。

4.3　在 macOS 操作系统上部署调试器

macOS 操作系统，虽然计算机界主流上不会使用这个操作系统作为服务器的操作系统(其实是有服务器版本的)，但是广大开发者，尤其是开源项目或者互联网行业的从业者会使用 macOS 操作系统作为开发机的操作系统。因此，也非常有必要在 macOS 操作系统上部署一个用于.NET Core 调试的调试环境。

macOS 的调试环境搭建，主要是要构建和安装 LLDB 3.9 调试器。在构建 LLDB 调试器时，需要同时构建 LLVM 和 Clang。Clang 和 LLDB 其实是 LLVM 的重要组成部分。它们需要放置在 LLVM 的 tools 文件夹内进行构建。在构建时，先创建一个名为 llvm 的文件夹用于构建，然后从 LLVM 的代码仓库下载 LLVM、Clang 和 LLDB 的源代码。具体如命令 4.7 所示。

```
$ mkdir ~/llvm
$ cd ~/llvm
# 获取 3.9 版本源代码
$ git clone http://llvm.org/git/llvm.git
$ git checkout release_39
$ cd llvm/tools
$ git clone http://llvm.org/git/clang.git
$ git checkout release_39
$ git clone http://llvm.org/git/lldb.git
$ git checkout release_39
```

命令 4.7 macOS 获得 LLVM 3.9 版本源代码

在安装或者更新最新版本的 XCode 之后，用 HomeBrew 安装构建 LLVM 的依赖库，如命令 4.8 所示。

```
$ brew install cmake python swig doxygen ocaml
```

命令 4.8 用 HomeBrew 安装依赖组件

在安装依赖组件结束之后，就可以正式开始构建了。构建的步骤基本上是先创建一个 CMake 构建文件夹，然后在构建文件夹中用 CMake 生成构建相关文件，再最终进行构建。相关操作如命令 4.9 所示。

```
$ mkdir -p ~/llvm/build/release
$ cd ~/llvm/build/release
$ cmake -DCMAKE_BUILD_TYPE=release ~/llvm/llvm
$ cd $HOME/build/release
$ make -j8
```

命令 4.9 LLVM 构建命令

当构建结束之后，可以通过 sudo make install 将构建好的 LLVM、Clang 和 LLDB 在本机进行安装。LLDB 调试器编译后的可执行文件名为 lldb-3.9.1。然后，可以使用示例代码中的 MassiveThreads 项目验证 LLDB 和.NET Core 调试扩展工作是否良好。具体如命令 4.10 所示。

```
$ cd MassiveThreads
# dotnet 是可执行命令行程序，run 是子命令，mutex 是应用程序参数
$ lldb-3.9.1 dotnet run mutex
(lldb) run
# 加载调试扩展
```

```
(lldb) plugin load
coreclr/bin/Product/OSX.x64.Debug/libsosplugin.dylib
#查看托管堆栈
(lldb) clrstack
```

命令 4.10 测试 LLDB 加载调试扩展

如果运行结果正常，就代表 LLDB 调试器和.NET Core 调试扩展协同工作一切顺利，如图 4.1 所示。

```
[micl-MBP-15:MassiveThreads micl$ lldb-3.9.1 dotnet run mutex
(lldb) target create "dotnet"
Current executable set to 'dotnet' (x86_64).
(lldb) settings set -- target.run-args  "run" "mutex"
[(lldb) run
Process 2303 launched: '/usr/local/share/dotnet/dotnet' (x86_64)
Process 2303 stopped
* thread #1: tid = 0x10b387, 0x00007fff6a9becee libsystem_kernel.dylib`__psyn
ch_cvwait + 10, stop reason = signal SIGSTOP
    frame #0: 0x00007fff6a9becee libsystem_kernel.dylib`__psynch_cvwait + 10
libsystem_kernel.dylib`__psynch_cvwait:
->  0x7fff6a9becee <+10>: jae    0x7fff6a9becf8            ; <+20>
    0x7fff6a9becf0 <+12>: movq   %rax, %rdi
    0x7fff6a9becf3 <+15>: jmp    0x7fff6a9b60b8            ; cerror_nocancel
    0x7fff6a9becf8 <+20>: retq
[(lldb) plugin load ~/dot-net/coreclr/bin/Product/OSX.x64.Debug/libsosplugin.d
ylib
[(lldb) clrstack
OS Thread Id: 0x10b387 (1)
        Child SP               IP Call Site
00007FFEEFBF7D40 00007fff6a9becee [GCFrame: 00007ffeefbf7d40]
00007FFEEFBF7E30 00007fff6a9becee [HelperMethodFrame_1OBJ: 00007ffeefbf7e30]
System.Threading.Monitor.ObjWait(Boolean, Int32, System.Object)
00007FFEEFBF7F80 0000000109315823 System.Threading.ManualResetEventSlim.Wait(
Int32, System.Threading.CancellationToken)
00007FFEEFBF8010 00000001092D783C System.Threading.Tasks.Task.SpinThenBlockin
gWait(Int32, System.Threading.CancellationToken)
```

图 4.1 测试 LLDB 加载调试扩展

在 macOS 操作系统下面，抓取内存转储文件的方式与 Linux 下的方式基本一致，不再赘述，请参考本章 4.2.3 节。

注意：在此后的章节中，macOS 上加载.NET Core 调试扩展，文件名是 libsosplugin.dylib，而 Linux 操作系统上是 libsosplugin.so。除此以外，Linux 调试步骤与 macOS 调试步骤几乎完全一致。请使用 macOS 的读者自行匹配文件名称，后面章节中将不再赘述在 macOS 上如何加载调试扩展的步骤。

4.4 在 Windows 操作系统上部署调试器

在 Windows 操作系统上部署调试器，主要是 Windbg 调试工具的安装和配置，以及解决用什么工具抓取内存转储文件的问题。

4.4.1 Windows 上安装 Windbg

Windbg(Debugging Tools for Windows)在 Windows 上的安装,需要通过 Windows SDK 的安装包实现。Windows SDK 下载地址为 https://go.microsoft.com/fwlink/p/?LinkId=845298。在运行 Windows SDK 安装程序之后,选择安装"Debugging Tools for Windows"组件,如图 4.2 所示。

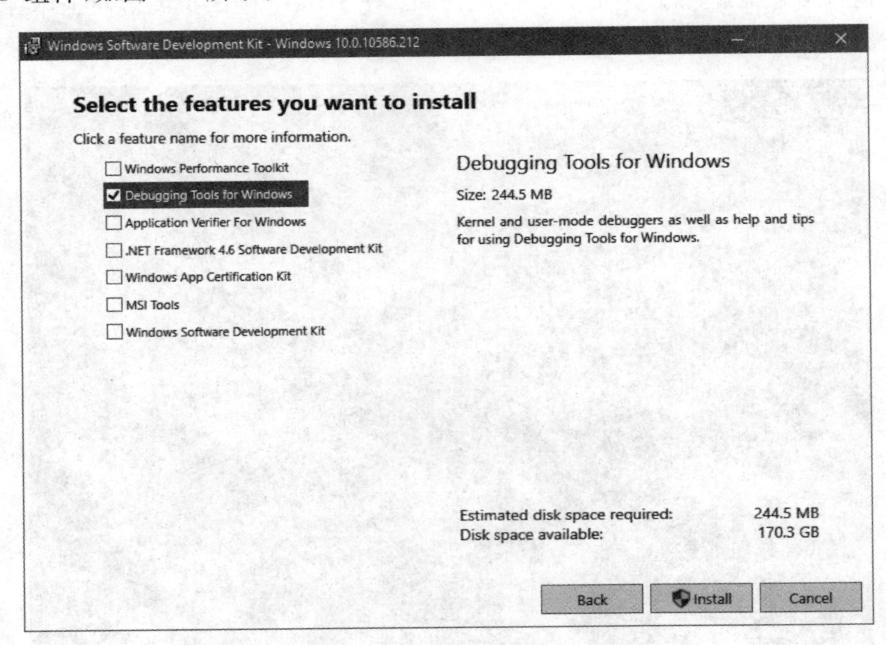

图 4.2 安装 Windbg 界面

Windbg 提供了三个版本,用来支持不同架构的 CPU,x86 版本用来支持 32 位的 x86 架构 CPU,x64 用来支持 x64 架构的 64 位 CPU,还有 IA64 版本,用来支持安腾系列 CPU。Windbg 安装结束后,请到对应 CPU 版本的"Progam Files"文件夹中查找"Debugging Tools for Windows"文件夹,这就是 Windbg 所在的文件夹。

Windbg 工具其实可以通过复制直接安装。一旦某台计算机上已经通过 Windows SDK 安装了 Windbg,其他计算机就可以通过复制 Windbg 文件夹的方式部署到其他 Windows 计算机上。

Windbg 安装完成之后,还需配置一下符号表路径。主要是把 Windows 默认符号表变量_NT_SYMBOL_PATH 设置成微软公有符号表服务器的路径:

```
symsrv*symsrv.dll*<本地缓存文件夹路径>*http://msdl.microsoft.com/download/symbols
```

通过设置符号表路径,Windbg 在调试时可以实时下载相关符号表文件到本地路径,并加载到调试进程中帮助调试者显示函数名称、参数名称以及代码函数等信息。设置符号表文件的操作在 Linux 和 macOS 操作系统上都没有，这是 Windows 的 Windbg 独有的设置。设置符号表路径的具体信息可以参考：

https: //docs.microsoft.com/en-us/windows-hardware/drivers/debugger/symbol-path

在设置成功之后，可以在 Windbg 的“Symbol File Path”设置项目中看到正确配置的符号表路径，如图 4.3 所示。

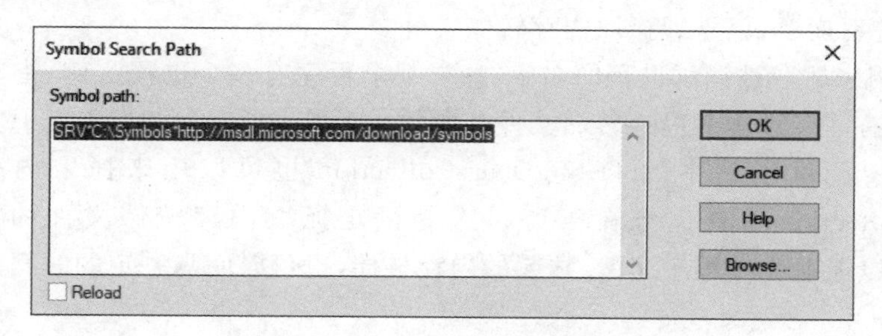

图 4.3　Windbg 的符号表路径设置

4.4.2　在 Windows 上抓取内存转储

在 Windows 操作系统上，从来都不缺少抓取应用程序内存转储文件的工具，例如任务管理器、Adplus、DebugDiag 和 ProcDump。下面介绍这几种抓取内存转储文件的工具。

任务管理器抓取 Dump 是在 Windows 7 以后的版本中才有的功能。如果使用 Windows Server 2012 以后的服务器版本和 Windows 7 以后的个人版操作系统都可以随时使用这个功能。方法非常简单，在任务管理器的详细信息选项卡中找到要抓取内存转储的进程，然后用鼠标右击这个进程，单击“Create Dump File”菜单即可。

这种抓取内存转储的方式，适合应用程序出现 High CPU 或者挂起无响应的情况，但是不适合应用程序崩溃的场景。内存转储文件生成后会保存在“C:\Users\<账号>\AppData\Local\Temp”文件夹内，如图 4.4 所示。

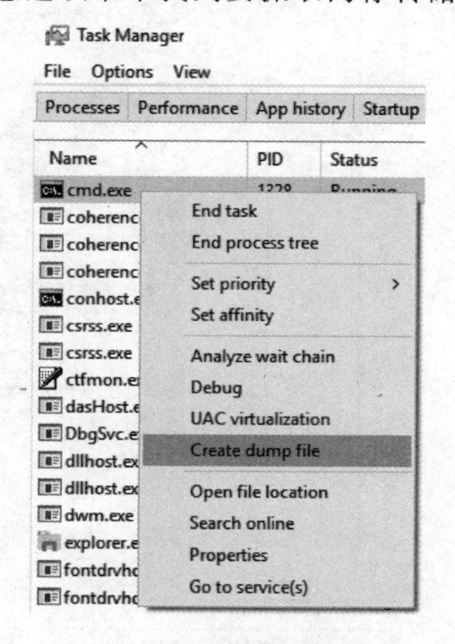

图 4.4　任务管理器抓取内存转储文件

Adplus 是 Windbg 自带的一个命令行方式抓取内存转储文件的工具。这个工具可以抓取应用程序挂起状态的内存转储，也可以用来监控应用进程崩溃，抓取应用进程崩溃的内存转储。这款命令行需要依赖.NET Framework 4.0 以上版本运行，因此运行应用程序的计算机上不仅需要安装.NET Core，还需要安装.NET Framework。命令行格式如命令 4.11 所示。

```
adplus.exe [ - hang] [ - crash] - pn[应用程序进程名] - pid[应用程序进程 ID]
```

命令 4.11 adplus.exe 命令行格式

参数-hang 指定 adplus 立即抓取内存转储文件，参数-crash 指定 adplus 监控指定的进程，一旦发生进程崩溃，就立即抓取内存转储文件。

参数-pn 用来抓取被调试进程的名字，如果某个程序有多个进程实例，指定进程名字的方式会抓取所有同名进程的内存转储文件。参数-pid 用来指定被调试进程 ID。

DebugDiag 调试工具中的 DebugDiag Collection 也可以用来抓取内存转储文件。DebugDiag Collection 工具优势在于可以人为设定抓取内存转储文件的方式和时机。DebugDiag 可以抓取应用程序崩溃、挂起的内存转储，也可以间隔一定的时间连续抓取内存转储文件，如图 4.5 所示。

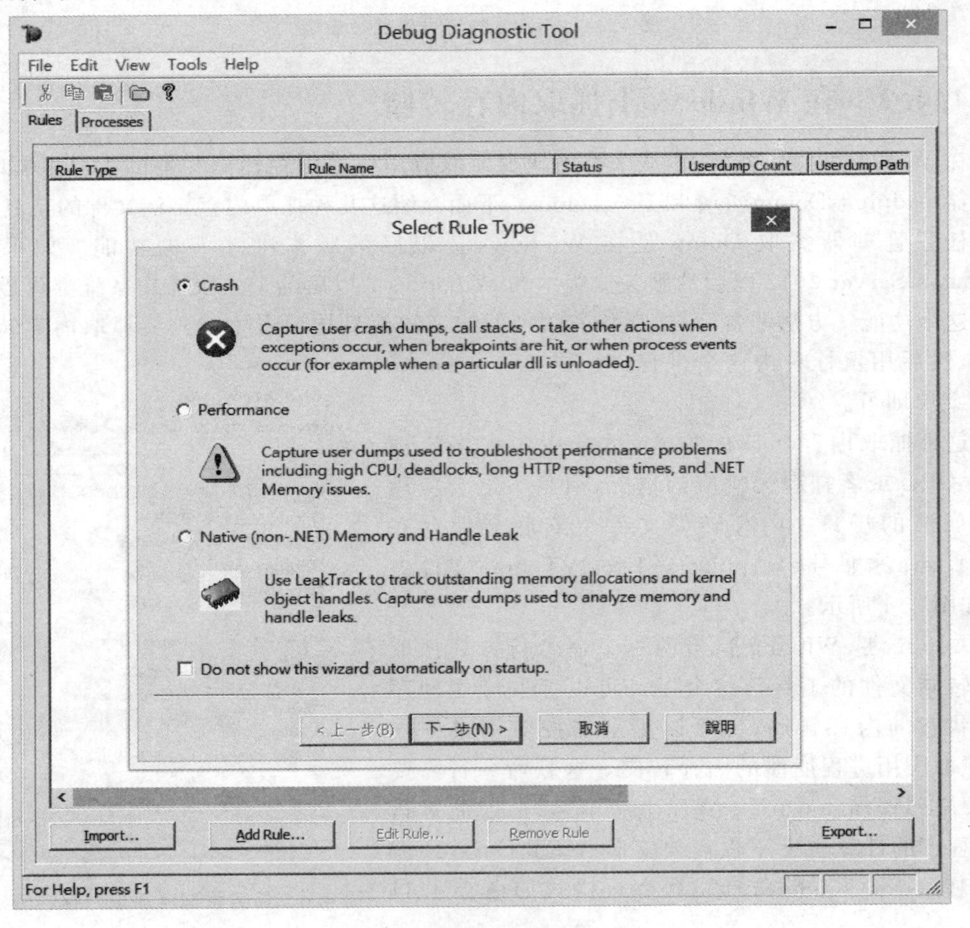

图 4.5 DebugDiag 抓取规则设置

在设置抓取规则的同时，还可以对应用程序错误的类型进行设定。例如过滤一部分异常信息，只抓取特定的异常信息进行分析。要知道，在一个编写的不太好的 Web 应用程序中，很可能每天有数百个异常对象抛出，甚至会崩溃多次。这样的场景下，需要先解决那些严重的代码问题，再解决那些影响小的代码问题。

通过异常过滤功能，可以指定 DebugDiag 抓取特定错误类型的内存转储对象用于分析。该功能对于从纷繁复杂的错误中找到特定的错误类型很有帮助。设置界面如图 4.6 所示。

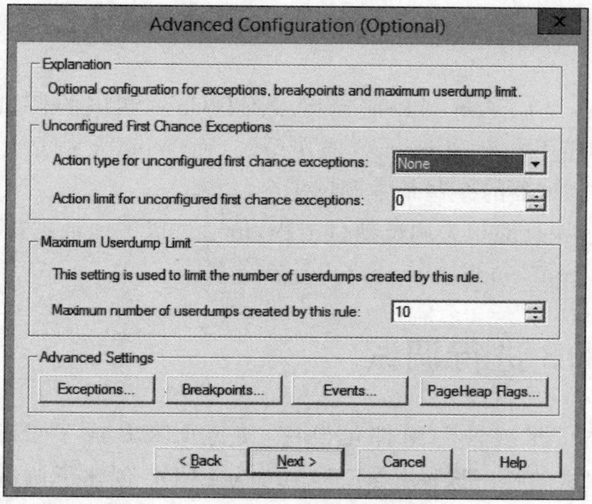

图 4.6 错误过滤界面

ProcDump 工具是微软 System Internals 系统工具组件中的一个，这个工具的重要特点是可以根据 Windows 性能计数器的特定性能技术指标来抓取内存转储文件。正因为其功能强大，所以命令参数也特别多，比较难于学习。如果读者有兴趣，可以访问 ProcDump 工具的主页查看使用详情：https://docs.microsoft.com/en-us/sysinternals/downloads/procdump。

本章主要介绍了调试环境在 Linux、macOS 和 Windows 上搭建的方法。总的来说，Linux 和 macOS 上需要安装 LLDB 3.9 调试器，Windows 需要安装 Windbg 调试器。支持 LLDB 3.9 的.NET Core 调试扩展需要通过最新版本的.NET Core 源代码(2.1.x 版本)编译。抓取内存转储文件时，在 Linux 和 macOS 上需要用 gcore 或者 CreateDump 工具来抓取，在 Windows 上可以用任务管理器、adplus、DebugDiag 和 ProcDump 等四种常见工具进行抓取。

第 5 章

调试器的基本命令

通过前面的章节，可以了解到目前支持.NET Core 调试的调试器主要是 LLDB 和 Windbg。LLDB 适用于 Linux 和 macOS 操作系统，而 Windbg 则适用于 Windows 操作系统。本章介绍这两种调试器的一些基本调试指令。

从本章以后，所有涉及的相关调试项目工程，请通过以下地址进行下载：

https：//github.com/micli/netcoredebugging

5.1 使用 LLDB 进行调试

由于 LLDB 的高可扩展性和组件化设计，使得 LLDB 成了.NET Core 在 Linux 和 macOS 平台上进行调试的唯一选择。.NET Core 为 LLDB 创建了调试扩展，在 LLDB 启动之后，通过挂载.NET Core 的调试扩展来兼容.NET Core 的托管代码调试。下面介绍 LLDB 调试器的基本使用方法。

5.1.1 LLDB 调试器简介

LLDB 是下一代高性能调试器。它在一种基于“BSD 风格”的开源许可，即 LLVM 开源许可下开放源代码。LLDB 功能强大，是 XCode IDE 指定的默认调试器。在 Linux 上调试.NET Core 应用程序就必须使用 LLDB 调试器。

LLDB 调试器是一款高度组件化的调试器。它是 Clang 编译器发展的必然产物。因为基于 LLVM 许可协议开放源代码，LLDB 具有以下特点：

（1）支持插件化的软件架构，具有高可扩展性。

（2）支持 Python 对调试器的完全控制，可以用 Python 控制调试器完成自动化动作。

（3）支持多框架多平台的远程调试，包括 x86、x64 和 macOS，是 XCode 默认调试器。

（4）完全开放的 API 和开发库。

正是基于 LLDB 调试器的高度可扩展性，开发人员通过扩展插件支持.NET Core 的代码调试。而传统的 GDB 是没有这样的支持插件的能力的，也无法用来调试.NET Core 代码，LLDB 调试器是目前 Linux 和 macOS 平台上的唯一选择。

5.1.2　命令行参数

LLDB 工具位于/usr/bin/目录下，单独启动 LLDB 非常简单，直接输入 lldb 即可。对于 Debian/Ubuntu，安装的 LLDB 3.9 可执行文件都带有版本号码。对此，可以通过“ln”命令为 lldb-3.9 文件设置软连接的方式，将版本号码掩盖。如图 5.1 是直接使用 lldb-3.9 的方式。

```
parallels@debian-gnu-linux-8: ~
File  Edit  View  Search  Terminal  Help
parallels@debian-gnu-linux-8:~$ whereis lldb-3.9
lldb-3: /usr/bin/lldb-3.9
parallels@debian-gnu-linux-8:~$ lldb-3.9
(lldb)
```

图 5.1　查找 LLDB 3.9 的位置

设置软连接如命令 5.1 所示。

```
# 查看 lldb-3.9 可执行文件的路径
debian-gnu-linux-8:~$ whereis lldb-3.9
lldb-3: /usr/bin/lldb-3.9 # 返回 lldb-3.9 的路径
# 设置软连接
debian-gnu-linux-8:~$ sudo ln -s /usr/bin/lldb-3.9 /usr/bin/lldb
# 重定向 lldb-server 3.9
debian-gnu-linux-8:~$ sudo update-alternatives --install /usr/bin/lldb-server
lldb-server /usr/bin/lldb-server-3.9 100
```

命令 5.1　设置软连接

设置之后，Debian 或者 Ubuntu 可以使用 lldb 命令来直接启动 LLDB 3.9 版本的调试器，如图 5.2 所示。

```
parallels@debian-gnu-linux-8: ~
File  Edit  View  Search  Terminal  Help
parallels@debian-gnu-linux-8:~$ whereis lldb-3.9
lldb-3: /usr/bin/lldb-3.9
parallels@debian-gnu-linux-8:~$ sudo ln -s /usr/bin/lldb-3.9 /usr/bin/lldb
[sudo] password for parallels:
parallels@debian-gnu-linux-8:~$ lldb
(lldb)
```

图 5.2　用 lldb 命令启动 LLDB 3.9

(lldb)是 LLDB 的命令行提示符，表示当前终端正运行在 LLDB 调试器之下。在当前提示符之下输入 help 命令，可以查看 LLDB 内置的最基础的调试命令。但是，LLDB 的使用方式是在启动时同时挂载应用程序进程或者应用程序的内存转储文件，以便对程序进行调试，因此 LLDB 通常是带参数启动。

LLDB 的启动参数格式如命令 5.2 所示。

```
lldb [[-<参数缩写>]] [[--]<参数全名-1>[<参数全名-2>...]]
```

命令 5.2　LLDB 启动参数格式

在 Linux/macOS 世界，通常情况下，“--”后面会跟随参数的完整名字，而“-”后面跟随参数的缩写。在 Windows 世界，通常只使用参数的缩写来标明参数，即使使用参数全名称也不会通过破折号的数量来标明是参数的全名还是缩写。

LLDB 的启动参数如表 5.1 所示。

表 5.1　LLDB 3.9 启动参数

参数名称	含　义
-a <arch> --arch <arch>	向 LLDB 调试器声明要调试的应用程序的架构。是 64 位的还是 32 位的或者是 ARM 的
-f <filename> --file <filename>	向调试器指定要调试的应用程序对应在磁盘上的文件，LLDB 调试器可以帮助使用者从磁盘上运行一个新的应用程序实例
-c <filename> --core <filename>	在进行事后调试时，向调试器指定内存转储文件的位置，也就是 core 文件的位置
-p <pid> --attach-pid <pid>	要调试一个正在运行的应用程序时，通过该参数告诉 LLDB 调试器要附加的目标进程 ID
-n <process-name> --attach-name <process-name>	要调试一个正在运行的应用程序时，通过该参数告诉 LLDB 调试器要附加的目标进程的进程名字
-w --wait-for	告诉 LLDB 调试器，在附加某个指定的进程之前，等待某个给定的进程 ID(pid)或者进程名字的进程启动
-s <filename> --source <filename>	告诉调试器，在命令行上 LLDB 启动之后，将指定的文件读入 LLDB 调试器中
-o --one-line	告诉 LLDB 调试器，在某个指定的文件加载之前运行一行指定的 LLDB 调试器命令
-S <filename> --source-before-file <filename>	让 LLDB 调试器在加载指定的文件之前，先读取该参数指定的 LLDB 命令批处理文件，并执行
-O --one-line-before-file	告诉 LLDB 调试器，在加载指定的文件之前，先执行该参数指定的一行 LLDB 调试指令
-k --one-line-on-crash	告诉调试器，一旦被调试的应用程序发生崩溃的情况，先执行一行指定的 LLDB 调试命令
-K <filename> --source-on-crash <filename>	告诉 LLDB 调试器，一旦被调试的应用程序发生崩溃的情况，先加载指定的文件，并读取文件的内容执行
-Q --source-quietly	告诉 LLDB 调试器，在加载任何指定的文件之前，先预先执行一行 LLDB 调试命令

续表

参数名称	含　义
-b --batch	告诉调试器从-s,-S,-o 和-O 运行参数指定的命令,然后退出。但是,如果任何运行命令由于信号而停止或崩溃,调试器将返回到交互式提示符,并停止在崩溃的地方
-l <script-language> --script-language <script-language>	告诉调试器使用指定的脚本语言替换 LLDB 调试器默认指定的脚本语言。可以指定的语言包括 Python,Perl,Ruby 和 Tcl。目前只有 Python 扩展已经实现
-d --debug	告诉 LLDB 调试器,输出更多与自身有关的调试信息

5.1.3　一段用于演示的代码

为了演示方便,下面的操作会使用一段 C++的快速排序代码。源代码如代码 5.1 所示。

```
#include<iostream>
#include "stdio.h"
using namespace std;

void quickSort(int a[],int,int);

int main()
{
    int array[] = {14, 61, 32, 53, 37, 25, 87, 21, 13, 77},k;
    int len = sizeof(array) / sizeof(int);
    cout << "The orginal arrayare:" << endl;
    for(k = 0; k < len; k++)
        cout << array[k] << ",";
    cout << endl;
    quickSort(array, 0, len-1);
    cout << "The sorted arrayare:" << endl;
    for(k = 0; k < len; k++)
        cout << array[k] << ",";
    cout << endl;
    ::getchar();
    return 0;
}

void quickSort(int s[], int l, int r)
{
    if (l < r)
    {
        int i = l, j = r, x = s[l];
        while (i < j)
```

```
        {
            while(i < j && s[j] >= x)
                j--;
            if(i < j)
                s[i++] = s[j];
            while(i < j && s[i]< x)
                i++;
            if(i < j)
                s[j--] = s[i];
        }
        s[i] = x;
        quickSort(s, l, i - 1);
        quickSort(s, i + 1, r);
    }
}
```

代码 5.1　快速排序代码

这段代码用来将一个给定的无序数组用快速排序算法进行排序，并将排序的结果进行输出。以上代码编译后的结果是一个名为 qsort 的可执行文件。

5.1.4　LLDB 的启动和退出

(1) 通过 LLDB 来启动应用程序并进行调试。

在这种情况下，只需要传递要启动的应用程序给 LLDB 即可，如命令 5.3 所示。

```
# 假设 qsort 就在当前路径下
lldb ./qsort
```

命令 5.3　LLDB 加载 qsort 程序

(2) 通过 LLDB 调试器附加到已经启动的应用程序进程上。

在这种情况下，首先要获取应用程序的进程 ID 或进程名字，然后在启动 LLDB 调试器时，传入应用程序进程的 ID 或名字。有些情况下，一个应用程序会在内存中有多个副本，因此推荐使用应用程序进程 ID 的方式。

在附加进程时，还需要 LLDB 调试器运行在管理员权限下，否则无法成功地附加到一个指定进程上。一个进程上只能同时附加一个调试器。

运行进程的 ID 可以通过 ps aux 命令进行查询，如命令 5.4 所示。

```
# 假设 qsort 的进程 ID 是 2254
sudo lldb -p 2254
```

命令 5.4　LLDB 附加到 qsort 进程

(3) 使用 LLDB 对内存转储文件进行事后调试。

在这种情况下，需要使用-c 或--core 参数向调试器指定要加载的内存转储文件的位置，如命令 5.5 所示。

```
# 加载转储文件
sudo lldb -c ./qsort.core
```

命令 5.5　LLDB 打开 qsort 内存转储文件

5.1.5　设置断点

LLDB 支持在程序的源代码中预先设置断点，当代码运行到预设的断点时，程序会临时终止运行并切换到调试模式下。此时调试者可以使用调试命令查看堆栈、内存以及相关变量等。因此，设置断点是最基础的操作，是用 LLDB 调试应用程序的前提。

LLDB 设置断点的调试命令是 breakpoint，缩写是 br。LLDB 支持通过函数名字或者指定源代码文件和行数的方式设置断点，如命令 5.6 所示。

```
(lldb) breakpoint set --method main
(lldb) breakpoint set --file main.cpp --line 22
```

命令 5.6　LLDB 设置断点

在实际操作中，在 qsort 示例的源代码文件第 31 行设置一个断点，并运行程序。当程序运行到断点位置时，LLDB 将会自动切换回调试模式，如图 5.3 所示。

```
parallels@ubuntu: ~/Desktop/CppDemo
parallels@ubuntu:~/Desktop/CppDemo$ lldb ./qsort
(lldb) target create "./qsort"
Current executable set to './qsort' (x86_64).
(lldb) breakpoint set --file main.cpp --line 31
Breakpoint 1: where = qsort`quickSort(int*, int, int) + 79 at main.cpp:31, addre
ss = 0x0000000000400af5
(lldb) process launch
Process 12957 launched: './qsort' (x86_64)
The orginal arrayare:
34,65,12,43,67,5,78,10,3,70,
Process 12957 stopped
* thread #1: tid = 12957, 0x0000000000400af5 qsort`quickSort(s=0x00007fffffffde1
0, l=0, r=9) + 79 at main.cpp:31, name = 'qsort', stop reason = breakpoint 1.1
    frame #0: 0x0000000000400af5 qsort`quickSort(s=0x00007fffffffde10, l=0, r=9)
 + 79 at main.cpp:31
   28           int i = l, j = r, x = s[l];
   29           while (i < j)
   30           {
-> 31               while(i < j && s[j]>= x) // 从右向左找第一个小于x的数
   32                   j--;
   33               if(i < j)
   34                   s[i++] = s[j];
(lldb) 
```

图 5.3　LLDB 断点触发

断点触发后,LLDB 会先打印出断点的信息,并将断点一定的段代码片段进行输出。调试者此时就可以对程序进行进一步的调试。当调试动作结束后,调试者可以输入 continue 命令,让应用程序继续运行。LLDB 会切换到应用程序运行模式,直到下一次断点被触发。如例子中,代码的第 31 行是 while 循环的一部分,所以断点会不断地被触发,如图 5.4 所示。

```
parallels@ubuntu: ~/Desktop/CppDemo
    frame #0: 0x0000000000400af5 qsort`quickSort(s=0x00007fffffffde10, l=0, r=9)
 + 79 at main.cpp:31
   28           int i = l, j = r, x = s[l];
   29           while (i < j)
   30           {
-> 31               while(i < j && s[j]>= x) // 从右向左找第一个小于x的数
   32                   j--;
   33               if(i < j)
   34                   s[i++] = s[j];
(lldb) continue
Process 14452 resuming
Process 14452 stopped
* thread #1: tid = 14452, 0x0000000000400af5 qsort`quickSort(s=0x00007fffffffde1
0, l=0, r=9) + 79 at main.cpp:31, name = 'qsort', stop reason = breakpoint 1.1
    frame #0: 0x0000000000400af5 qsort`quickSort(s=0x00007fffffffde10, l=0, r=9)
 + 79 at main.cpp:31
   28           int i = l, j = r, x = s[l];
   29           while (i < j)
   30           {
-> 31               while(i < j && s[j]>= x) // 从右向左找第一个小于x的数
   32                   j--;
   33               if(i < j)
   34                   s[i++] = s[j];
(lldb)
```

图 5.4 continue 命令

如果需要重新运行应用程序,而不是继续运行,那么就需要输入 run 命令。该命令会强制结束当前应用程序进程,让 LLDB 重新启动一个新的应用程序进程,并保留之前设置的断点信息。

如果调试者需要在应用程序运行的任意时刻暂停应用程序来进行调试,而不依赖断点触发,那么可以按下"Ctrl + C"键,将 LLDB 转为调试模式对应用程序进行调试。这在没有预设调试断点,临时进行调试的场景中非常重要。

当进入调试模式之后,调试者为了进一步地分析问题,经常需要单步执行代码,一步一步地查看代码执行过程和相关变量值。在这种情况下就需要使用单步调试指令。

5.1.6 单步调试指令

所谓单步调试指令,通常是指执行下一行代码、执行下一个函数、从当前函数跳出等操作。调试者可以利用单步调试指令对应用程序进行单行,以及单行代码调用的函数进行调试。这是调试中经常使用到的操作。

LLDB 提供的单步调试操作分为执行下一个函数操作 next,执行下一行汇编指令操作 ni 两种。next 指令可以让 LLDB 控制调试器的执行过程直接跳转到下一个函数调用中,而 ni 指令是让 LLDB 执行处理器 rip 存储器中的下一行汇编指令。要知道,即使是源代码中一行简单的代码也会被编译器编译成多行汇编指令，因此 next 和 ni 是有很大区别的。

LLDB 也同时提供了从被调用函数或者子过程中返回的调试指令 finish。这个指令用来从函数或者子过程中返回到上一级调用。

回到 qsort 例子，在源代码 main.cpp 文件的第 15 行，调用了 quickSort()函数。可以在这里设置断点、运行应用程序并等待断点触发。

触发断点之后，通过 step 命令，可以从 main 函数的第 15 行，跳入到 quickSort 函数中去(源代码第 26 行)，如图 5.5 所示。

```
* thread #1: tid = 11003, 0x0000000000400a0d qsort`main + 199 at main.cpp:15, name
 = 'qsort', stop reason = breakpoint 1.1
    frame #0: 0x0000000000400a0d qsort`main + 199 at main.cpp:15
   12       for(k=0;k<len;k++)
   13           cout<<array[k]<<",";
   14       cout<<endl;
-> 15       quickSort(array,0,len-1);
   16       cout<<"The sorted arrayare:"<<endl;
   17       for(k=0;k<len;k++)
   18           cout<<array[k]<<",";
(lldb) step
Process 11003 stopped
* thread #1: tid = 11003, 0x0000000000400ab8 qsort`quickSort(s=0x00007fffffffde10,
 l=0, r=9) + 18 at main.cpp:26, name = 'qsort', stop reason = step in
    frame #0: 0x0000000000400ab8 qsort`quickSort(s=0x00007fffffffde10, l=0, r=9) +
 18 at main.cpp:26
   23
   24   void quickSort(int s[], int l, int r)
   25   {
-> 26       if (l< r)
   27       {
   28           int i = l, j = r, x = s[l];
   29           while (i < j)
(lldb)
```

图 5.5　step 命令

若需要从 quickSort 函数返回到调用它的那一行代码，执行 finish 命令。这样 LLDB 调试器就会控制应用程序执行完 quickSort()函数的全部代码，并将代码调试停止在 main 函数源代码的第 16 行，如图 5.6 所示。

```
(lldb) finish
Process 11003 stopped
* thread #1: tid = 11003, 0x0000000000400a24 qsort`main + 222 at main.cpp:16, name
 = 'qsort', stop reason = step out
    frame #0: 0x0000000000400a24 qsort`main + 222 at main.cpp:16
   13           cout<<array[k]<<",";
   14       cout<<endl;
   15       quickSort(array,0,len-1);
-> 16       cout<<"The sorted arrayare:"<<endl;
   17       for(k=0;k<len;k++)
   18           cout<<array[k]<<",";
   19       cout<<endl;
(lldb)
```

图 5.6　finish 命令

5.1.7　查看调用堆栈

当应用程序运行过程中触发了断点之后，就可以对应用程序进行进一步的调试。往往调试者首先需要看的就是应用程序调用堆栈。调用堆栈会显示当前线程中的代码调用回溯信息。通过回溯信息可以了解到函数的层层调用过程。

查看调用堆栈信息的调试命令是 backtrace，简写为 bt。在示例中，待断点触发之后，输入 bt，如图 5.7 所示。

```
(lldb) bt
* thread #1: tid = 15686, 0x0000000000400af5 qsort`quickSort(s=0x00007fffffffde1
0, l=0, r=9) + 79 at main.cpp:31, name = 'qsort', stop reason = breakpoint 1.1
  * frame #0: 0x0000000000400af5 qsort`quickSort(s=0x00007fffffffde10, l=0, r=9)
 + 79 at main.cpp:31
    frame #1: 0x0000000000400a24 qsort`main + 222 at main.cpp:15
    frame #2: 0x00007ffff76ab830 libc.so.6`__libc_start_main(main=(qsort`main at
 main.cpp:8), argc=1, argv=0x00007fffffffdf28, init=<unavailable>, fini=<unavail
able>, rtld_fini=<unavailable>, stack_end=0x00007fffffffdf18) + 240 at libc-star
t.c:291
    frame #3: 0x0000000000400879 qsort`_start + 41
(lldb)
```

图 5.7　backtrace 命令

在图 5.7 中，一共显示了三帧(frame)数据，以倒序排列。位于顶端的 0 号帧(frame ＃0)，是断点触发时正在执行的函数 quickSort；1 号帧(frame ＃1)是 main 函数；2 号帧是库 libc 中的函数_libc_start_main。

当需要聚焦到调用堆栈的某一帧时，需要使用 frame select 或者 f (frame select 的缩写)调试命令，对帧进行选择，如图 5.8 所示。

```
parallels@ubuntu: ~/Desktop/CppDemo
(lldb) frame select 0
frame #0: 0x0000000000400af5 qsort`quickSort(s=0x00007fffffffde10, l=0, r=9) + 7
9 at main.cpp:31
   28           int i = l, j = r, x = s[l];
   29           while (i < j)
   30           {
-> 31               while(i < j && s[j]>= x) // 从右向左找第一个小于x的数
   32                   j--;
   33               if(i < j)
   34                   s[i++] = s[j];
(lldb) frame select 1
frame #1: 0x0000000000400a24 qsort`main + 222 at main.cpp:15
   12       for(k=0;k<len;k++)
   13           cout<<array[k]<<",";
   14       cout<<endl;
-> 15       quickSort(array,0,len-1);
   16       cout<<"The sorted arrayare:"<<endl;
   17       for(k=0;k<len;k++)
   18           cout<<array[k]<<",";
(lldb) frame select 2
frame #2: 0x00007ffff76ab830 libc.so.6`__libc_start_main(main=(qsort`main at mai
n.cpp:8), argc=1, argv=0x00007fffffffdf28, init=<unavailable>, fini=<unavailable
>, rtld_fini=<unavailable>, stack_end=0x00007fffffffdf18) + 240 at libc-start.c:
291
(lldb)
```

图 5.8　frame select 命令

跳转到某个指定的帧时，会自动输出该帧对应的源代码(如果有的话)，并且在帧对应的源代码的指定行数上，会显示一个箭头标明对应关系。

frame 命令还可以用来查看当前帧的相关临时变量的值，如图 5.9 所示。

通过观察临时变量的值，也可以帮助调试者定位应用程序中的问题。如果调试者只想查看某一个变量，可以用 frame variable <变量名>的方式来显示指定变量的值。这是非常有用的，毕竟一段代码中使用到的变量可能会有很多个。

```
(lldb) frame variable
(int *) s = 0x00007fffffffde10
(int) l = 0
(int) r = 3
(int) i = 0
(int) j = 3
(int) x = 3
(lldb)
```

图 5.9 frame variable 命令

5.1.8 线程切换

通常情况下,一个应用程序启动后会创建一个或多个线程。运行 main 函数的那个线程通常又称为主线程。对于相对复杂的逻辑,应用程序的主线程还会启动其他的线程来辅助进行计算工作。应用程序任何一个线程的代码都有可能出现问题,需要调试,因此调试器就必须具备在各个线程之间切换的能力。

LLDB 调试器的线程查看、调试的命令是 thread,由于线程操作功能众多,因此操作线程的命令往往是 thread <子命令>的形式。

thread list 用来枚举应用程序中的全部线程,并显示线程的简要信息。通过这个命令可以查看到当前被调试的应用程序有几个线程正在运行。

thread select <线程 ID >命令用于线程上下文切换。之前介绍的堆栈查看命令 backtrace(bt)用来显示当前线程的调用堆栈信息。那么如果想看看别的线程的调用堆栈信息,就需要使用 thread select 命令先切换线程上下文,将当前线程上下文切换到要查看的线程上,再执行 backtrace 命令进行查看。因此,thread select 命令非常重要,并且使用频率很高。为了简化操作,thread select 被简写为 t。假设要跳转到 #1 线程,那么既可以输入调试命令 thread select 1,也可以输入命令 t 1,这两者是等价的,如图 5.10 所示。

```
(lldb) thread select 1
(lldb) * thread #1: tid = 24298, 0x00007ffff7782230 libc.so.6`__GI___read + 16 a
t syscall-template.S:84, name = 'qsort', stop reason = signal SIGSTOP
    frame #0: 0x00007ffff7782230 libc.so.6`__GI___read + 16 at syscall-template.
S:84
(lldb) t 1
(lldb) * thread #1: tid = 24298, 0x00007ffff7782230 libc.so.6`__GI___read + 16 a
t syscall-template.S:84, name = 'qsort', stop reason = signal SIGSTOP
    frame #0: 0x00007ffff7782230 libc.so.6`__GI___read + 16 at syscall-template.
S:84
(lldb)
```

图 5.10 线程跳转命令

在线程上下文切换完成之后,LLDB 会自动显示当前线程的基本信息。如果有必要,也可以通过 thread info 来让 LLDB 调试器显示当前线程的信息。

5.1.9 寄存器调试指令

在具体进行调试时,往往还需要查看处理器的寄存器数据。处理器的寄存器不仅保存当前汇编指令的操作数,还保存当前执行的指令序列地址等其他关键信息。一些数据的首地址，如字符串或者数组的首地址也保存在处理器的寄存器中。因此，在调试应用程序时，查看寄存器数据也是非常重要的。

LLDB 的寄存器调试指令是 register，查看所有寄存器的值可以使用 register read 指令。如果在 read 之后跟上寄存器的名字，就只显示指定寄存器中的数值。寄存器的数据与堆栈的帧密切相关。由于每个堆栈帧都在执行特定的函数或者汇编指令，因此寄存器中的数据也是与堆栈帧一一对应的。register 指令只会显示当前线程中调试者指定的堆栈帧上的寄存器数据，如图 5.11 所示。

```
(lldb) register read
General Purpose Registers:
       rax = 0xfffffffffffffe00
       rbx = 0x00007ffff7a4f8e0  _IO_2_1_stdin_
       rcx = 0x00007ffff7782230  libc.so.6`__GI___read + 16
       rdx = 0x0000000000000400
       rdi = 0x0000000000000000
       rsi = 0x0000000000615030
       rbp = 0x00007ffff7a50620  _IO_2_1_stdout_
       rsp = 0x00007fffffffddb8
        r8 = 0x00007ffff7a51780  libc.so.6..bss + 4192
        r9 = 0x00007ffff7fd8740
       r10 = 0x000000000000035c
       r11 = 0x0000000000000246
       r12 = 0x0000000000400850  qsort`_start
       r13 = 0x00007fffffffdf20
       r14 = 0x0000000000000000
       r15 = 0x0000000000000000
       rip = 0x00007ffff7782230  libc.so.6`__GI___read + 16
    rflags = 0x0000000000000246
        cs = 0x0000000000000033
        fs = 0x0000000000000000
        gs = 0x0000000000000000
        ss = 0x000000000000002b
        ds = 0x0000000000000000
```

图 5.11　查看寄存器数据

在图 5.11 可以看到 rip 寄存器的地址实际上是指向 libc.so 中的 read()函数。rip 寄存器用来保存当前线程要执行的下一行代码的地址。处理器通过 rip 寄存器的地址确定到底要执行哪一行代码。

处理器寄存器的数据也可以通过 register write 指令进行修改。但是由于修改了寄存器数据之后会影响应用程序的执行结果，甚至不恰当的寄存器数据修改导致应用程序崩溃，因此，应谨慎使用 register write 对寄存器数据进行修改。

5.1.10　查看内存数据

在调试中，除了要查看应用程序代码的执行（backtrace 命令），还需要查看应用程序中的数据。也就是说，要对应用程序占用的内存部分进行查看，以便检查变量的值以及引用的地址是否正确等。LLDB 的 x 调试命令（memory read）用来查看应用程序内存。x 调试命令使用相对复杂，参数众多。总结起来，x 命令通过命令 5.7 所示的格式来使用。

```
x <命令参数> <地址表达式> [<地址表达式>]
```

命令 5.7　x 命令参数格式

下面通过调试之前的应用程序来学习 x 命令的用法。首先可以在应用程序的第 32 行设置断点，然后查看 quicksort 函数的第一个参数的地址，并显示这个内存中指定的内容，如图 5.12 所示。

```
(lldb) breakpoint set -f main.cpp -l 32
Breakpoint 1: where = qsort`quickSort(int*, int, int) + 114 at main.cpp:32, addr
ess = 0x0000000000400b18
(lldb) run
Process 10742 launched: './qsort' (x86_64)
The orginal arrayare:
34,65,12,43,67,5,78,10,3,70,
Process 10742 stopped
* thread #1: tid = 10742, 0x0000000000400b18 qsort`quickSort(s=0x00007fffffffde1
0, l=0, r=9) + 114 at main.cpp:32, name = 'qsort', stop reason = breakpoint 1.1
    frame #0: 0x0000000000400b18 qsort`quickSort(s=0x00007fffffffde10, l=0, r=9)
 + 114 at main.cpp:32
   29           while (i < j)
   30           {
   31               while(i < j && s[j]>= x) // 从右向左找第一个小于x的数
-> 32                   j--;
   33               if(i < j)
   34                   s[i++] = s[j];
   35               while(i < j && s[i]< x) // 从左向右找第一个大于等于x的数
(lldb) x -count 8 0x00007fffffffde10
0x7fffffffde10: 22 00 00 00 41 00 00 00                          "...A...
(lldb)
```

图 5.12 x 命令

在堆栈的输出内容上，可以看到 quicksort 函数的第一个参数（int * ）指向的地址是 0x00007fffffffde10。通过 x 命令查看这段内存的数据，并通过-count 参数执行查看 8 个字节。显示为 22 00 00 00 41 00 00 00 的内容，数据是以十六进制显示的，因此 0x21 实际上是 34，0x41 实际上是 65，也就是待排序的无序数组的前两个值。

至于为什么是 22000000，而不是 00000022？这其实是字节序的问题。从数据上可以看出，采用的是小字节序即低位数据占据低端内存，高位数据占据高端内存。这是英特尔系列处理器的典型架构，而 SPARC 或者 Power PC 等芯片的架构是大字节序，即高位数据占据低位内存，低位数据占据高位内存。

5.2 Windbg 调试器和基本指令

5.1 节主要介绍了 Linux 和 macOS 上的调试器 LLDB 的基本用法。在 Windows 平台上，更推荐使用 Windbg 作为应用程序的调试器。Windbg 具有图形界面，使用简单，支持调试命令丰富等特点，是 Windows 平台的首选调试器。

5.2.1 Windbg 简介

Windbg 是 Debugging Tools for Windows 的简称，是微软公司随 Windows SDK 推出的，用于调试 Windows 操作系统上运行的应用程序的调试器。

实际上 Windbg 是一组工具，包括抓取 dump、转储线程对象、符号表管理、堆检查工具等，而 Windbg 作为调试器，是这些工具中最常被使用的。Debugging Tools for Windows

的下载地址为 https://docs.microsoft.com/en-us/windows-hardware/drivers/debugger/。

在安装之后，即可使用 Windbg 调试 Windows 平台上的原生代码应用和.NET Core 应用。Windbg 只是一个壳程序，它封装了 cdb 的调试功能，以图形界面的方式向用户提供更好的调试交互功能（cdb 是 Microsoft Console Debugger 的缩写。它与 LLDB 一样，是一款运行在命令行下的调试器）。

5.2.2 Windbg 的启动和退出

Windbg 可以根据实际的使用场景以不同的方式启动。

第一种启动方式是作为 Windows 默认调试器启动。Windows 注册表上可以配置默认调试器，以便在应用程序运行崩溃时及时自动启动。通常情况下，Windows 的默认调试器是华生医生（Dr. Waston），当应用程序崩溃时，Windows 会根据注册表的配置及时启动华生医生，然后华生医生会为应用程序创建一个迷你内存转储文件。这一切操作都是后台执行的，不易被服务器管理员发现。如果在系统盘上搜索时发现有.dmp 文件，那多半都是由华生医生背后生成的。

用 Windbg 替换默认的调试器，在测试环境中调试应用程序时非常有用。Windbg 的 I 参数会自行向注册表发起修改操作，将默认调试器的位置指向 Windbg 调试器自身。当应用程序运行过程中出现崩溃时，Windows 会自动加载 Windbg 并将 Windbg 调试器附加在崩溃的进程上，调试者直接就可以操作调试指令进行调试。

设置 Windbg 为默认调试器时需要以管理员权限运行，具体如命令 5.8 所示。

```
> Windbg - I
```

命令 5.8 设置 Windbg 为默认调试器

这种 Windbg 启动方式会将崩溃的进程挂起，因此若该功能用在声场环境中，会导致进程监控工具如看门狗等错认为应用程序在正常运行，不会及时干预并恢复服务。因此强烈建议不在生产环境中使用。

第二种启动方式是直接双击 Windbg 图标启动调试器。通过这种方式启动 Windbg 既可以可视化地附加到某个进程上，又可以可视化地加载某个内存转储文件（.dmp 文件）。不过，对于单一的 Windbg 工作区，这两件事一次只能做一件。如果要附加进程调试就不能加载内存转储文件，反之亦然。

用 Windbg 可视化地附加到一个应用程序进程上，可以通过菜单完成操作。单击File→Attach to Process，Windbg 就会显示一个本机进程列表，以供调试者选择，如图 5.13 所示。

当调试者选择某个进程，并单击“确定”按钮之后，Windbg 就会附加到这个进程上，并且中断该进程的运行切换进入调试模式。如果此时并不想立即调试应用程序，可输入 gn 命令让应用程序继续运行。

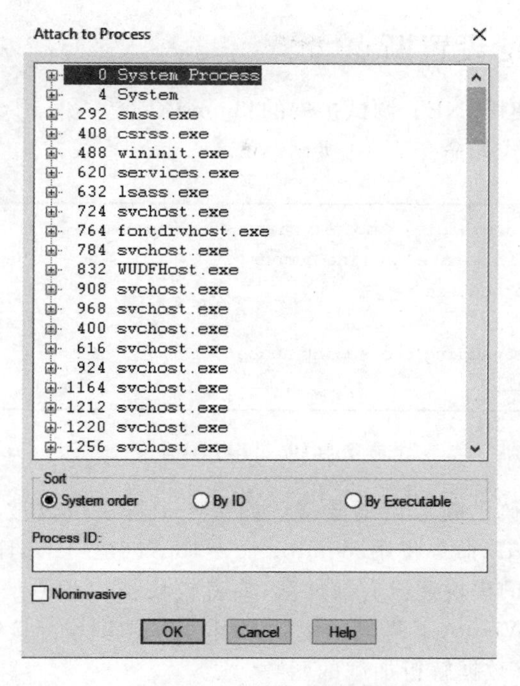

图 5.13 Windbg 选择进程

如果加载内存转储文件，进行事后调试，那么就需要通过点击 File→Open Crash Dump 菜单来实现加载。

第三种启动 Windbg 的方式是通过命令行的方式。以上功能转化为命令行如命令 5.9 所示。

```
> rem 通过命令行附加到指定名字的进程
> windbg -pn <要调试的进程名称>
> rem 通过命令行附加到指定名字的进程 ID
> windbg -p <要调试的进程 ID>
> rem 通过命令行附加到指定服务名称
> windbg -psn <要调试的服务名称>
> rem 通过命令行加载内存转储文件
> windbg -z 要加载的内存转储文件路径
```

命令 5.9 Windbg 启动命令

附加进程启动时，要求命令行窗体一定要具备管理员权限，否则会因为权限不足而附加进程失败。

在 Windbg 启动后，请确认已经正确地配置了符号表服务器，否则会因为部分符号表缺失而给调试增加难度。

5.2.3 Windbg 设置断点

C#设置断点需要使用.NET 调试扩展的!bpmd 命令。

BPMD 命令调试格式如命令 5.10 所示。

```
!BPMD [-nofuturemodule] <module name> <method name> [<il offset>]
!BPMD <source file name>:<line number>
!BPMD -md <MethodDesc>
!BPMD -list
!BPMD -clear <pending breakpoint number>
!BPMD -clearall
```

命令 5.10 !BPMD 命令

BPMD 提供托管代码的断点调试支持。如果一个方法可以被解析到一个已经加载的加载模块中的函数,BPMD 命令将用 Windbg 命令“bp”创建一个调试断点。如果没有找到,那么意味着包含该方法的模块还没有被加载,或者模块被加载但是功能尚未被激活。在这些情况下,BPMD 要求 Windows 调试器接收 CLR 通知,并等待接收模块负载和 JIT 的消息,此时它将尝试用断点数据解析加载的函数。

以下是 BPMD 的一些使用示例,如命令 5.11 所示。

```
public interface I1                                  //接口声明
{
    void M1();
}
public class ExplicitItfImpl : I1                    //接口实现
{
    …
    void I1.M1()                                     // 'I1.M1'是接口实现方法名
    { … }
}

!bpmd myapp.exe ExplicitItfImpl.I1.M1

public interface IT1<T>                              //泛型接口
{
    void M1(T t);
}.

public class ExplicitItfImpl<U> : IT1<U>             //泛型接口实现类
{
    …
```

```
    void IT1<U>.M1(U u)                    // 'IT1<U>.M1' 泛型接口函数名
    {…}
}
!bpmd bpmd.exe ExplictItfImpl'1.ITi<U>.M1
```

命令 5.11 BPMD 调试命令

5.2.4 Windbg 查看堆栈调用

Windbg 查看调用堆栈调用的命令是以 k 开头的系列命令。k 命令配合着不同的字母组合可以达到不同的堆栈查看效果。具体如命令 5.12 所示。

```
[~Thread] k[b|p|P|v] [c] [n] [f] [L] [M] [FrameCount]
[~Thread] k[b|p|P|v] [c] [n] [f] [L] [M] = StackPtr FrameCount
[~Thread] k[b|p|P|v] [c] [n] [f] [L] [M] = StackPtr InstructionPtr FrameCount
[~Thread] kd [WordCount]
```

命令 5.12 堆栈调试命令

以下是 k 系列命令的主要参数介绍：

b：显示传递给堆栈跟踪中每个函数的前三个参数。

c：显示一个干净的堆栈跟踪。每条显示行只包含模块名称和功能名称。

p：显示堆栈跟踪中调用的每个函数的所有参数。参数列表包括每个参数的数据类型、名称和值。p 选项区分大小写。该参数需要完整的符号信息。

P：显示堆栈跟踪中调用的每个函数的所有参数，如 p 参数。但是，对于 P，功能参数将显示在显示屏的第二行上，而不是与其余数据在同一行上。

v：显示帧指针省略（FPO）信息。在基于 x86 的处理器上，显示屏还包含调用约定信息。

n：显示堆栈调用帧号码。

f：显示相邻帧之间的距离。这个距离是分隔实际堆栈上的帧的字节数。

L：隐藏显示中的源代码行。L 区分大小写。

M：使用调试器标记语言显示输出。输出的每个堆栈调用帧号都是一个链接，可以单击该链接来设置本地上下文并显示本地变量。

以上参数可以一个或者多个进行配合使用，比如，以调用帧的形式显示调用堆栈并带上每个函数的参数数据，就可以使用 kpM 这样的命令来实现，如图 5.14 所示。

5.2.5 Windbg 线程相关指令

Windbg 的线程跳转命令是通过波浪线符号实现的。“~”＋线程号码＋“s”构成线程跳转的方法，s 代表 Set current thread。“~”还与一些特殊符号一起构成常用的线程表达

```
0:000> kpM
 # Child-SP          RetAddr           Call Site
00 00000058`8edfd6e8 00007ffe`5611a966 ntdll!NtWaitForMultipleObjects+0x14
01 00000058`8edfd6f0 00007ffe`2e86d9c8 KERNELBASE!WaitForMultipleObjectsEx+0x106
02 (Inline Function) --------`-------- coreclr!WaitForMultipleObjectsEx_SO_TOLERANT+0x17
03 (Inline Function) --------`-------- coreclr!Thread::DoAppropriateAptStateWait+0x37
04 00000058`8edfd9f0 00007ffe`2e86db61 coreclr!Thread::DoAppropriateWaitWorker(int countHandles = 0n1, void ** handles = 0x000001a0`92679200,
05 00000058`8edfdae0 00007ffe`2e9268e3 coreclr!Thread::DoAppropriateWait(int countHandles = 0n1, void ** handles = 0x00000058`8edfdba0, int w
06 00000058`8edfdb60 00007ffe`2e8ac852 coreclr!CLREventBase::WaitEx(unsigned long dwMilliseconds = 0xffffffff, WaitMode mode = WaitMode_Alert
07 00000058`8edfdbb0 00007ffe`2e8aca12 coreclr!AwareLock::EnterEpilogHelper(class Thread * pCurThread = 0x000001a0`925bb4a0, int timeOut = 0n
08 00000058`8edfdc70 00007ffe`2e948f15 coreclr!AwareLock::EnterEpilog(class Thread * pCurThread = 0x000001a0`925bb4a0, int timeOut = 0n-1)+0x
09 (Inline Function) --------`-------- coreclr!SyncBlock::EnterMonitor+0x8
0a (Inline Function) --------`-------- coreclr!ObjHeader::EnterObjMonitor+0xd
0b (Inline Function) --------`-------- coreclr!Object::EnterObjMonitor+0x16
0c 00000058`8edfdcd0 00007ffd`cee6096e coreclr!JITutil_MonEnterWorker(class Object * obj = 0x00000000`000007d0, unsigned char * pbLockTaken =
0d 00000058`8edfde80 00007ffe`2e9535d3 0x00007ffd`cee6096e
0e 00000058`8edfdf10 00007ffe`2e87d9bf coreclr!CallDescrWorkerInternal(void)+0x83
0f (Inline Function) --------`-------- coreclr!CallDescrWorkerWithHandler+0x1a
10 00000058`8edfdf50 00007ffe`2e943ef7 coreclr!MethodDescCallSite::CallTargetWorker(unsigned int64 * pArguments = 0x00000058`8edfe210, unsign
11 (Inline Function) --------`-------- coreclr!MethodDescCallSite::Call+0x43
12 00000058`8edfe0a0 00007ffe`2e83b195 coreclr!RunMain(class MethodDesc * pFD = 0x00007ffd`ced05d10, int * piRetVal = <Value unavailable erro
13 00000058`8edfe300 00007ffe`2e8dba29 coreclr!Assembly::ExecuteMainMethod(class PtrArray ** stringArgs = 0x00000058`8edfe5e0)+0xb5
14 00000058`8edfe5c0 00007ffe`2e8dd9ce coreclr!CorHost2::ExecuteAssembly(unsigned long dwAppDomainId = <Value unavailable error>, wchar_t * p
15 00000058`8edfe690 00007ffe`4fe7e8b9 coreclr!coreclr_execute_assembly(void * hostHandle = 0x000001a0`925a34c8, unsigned int domainId = 1, i
16 00000058`8edfe720 00007ffe`4fe7ee44 hostpolicy!run+0xdb9
17 00000058`8edfedf0 00007ffe`4ff09b05 hostpolicy!corehost_main+0x164
```

图 5.14 kpM 命令

式。例如："～."表示当前线程；"～#"表示跳转到当前出现异常的线程；"～*"表示所有线程。

Windbg 的扩展命令!runaway 提供了线程运行的基本信息。它可以显示几号线程在CPU 上运行的时长，从而帮助调试者判断线程的繁忙情况，以及占用 CPU 资源最多的线程是哪一个，如命令 5.13 所示。

```
!runaway [标志]
```

命令 5.13 !runaway 命令格式

其中 runaway 的标志位包含以下一个或多个情况：

Bit 0 (0x1)：用来指示该命令显示每个线程在 CPU 上的执行时间。

Bit 1 (0x2)：用来指示该命令显示每个线程在内核上用于调度的执行时间。

Bit 2 (0x4)：用来指示该命令显示线程自创建起所经过的时间。

执行效果如命令 5.14 所示。

```
0:001 > !runaway 7

  User Mode Time
  Thread       Time
  0:55c        0:00:00.0093
  1:1a4        0:00:00.0000

  Kernel Mode Time
  Thread       Time
  0:55c        0:00:00.0140
  1:1a4        0:00:00.0000

  Elapsed Time
```

```
Thread      Time
0:55c       0:00:43.0533
1:1a4       0:00:25.0876
```

命令 5.14　!runaway 输出

Windbg 的!thread 命令用来显示线程的摘要信息，包括 ETHREAD 块。语法格式如命令 5.15 所示。

```
!thread [-p] [-t] [地址 [标志]]
```

命令 5.15　!thread 命令

其中-p 参数表示用来显示有关拥有线程的进程的摘要信息。当命令使用-t 参数时，地址是线程 ID，而不是线程地址。

5.2.6　Windbg 寄存器相关指令

Windbg 上查看寄存器的命令非常简单，就是一个字母"r"，代表 register 的意思。命令格式如命令 5.16 所示。

```
[~Thread] r[M 掩码|F|X|?] [ Register[:[Num]Type] [ = [Value]] ]
```

命令 5.16　r 命令

掩码用于指定调试器显示寄存器的数据和类型。"M"必须是大写字母。掩码是指示寄存器显示的一些位的总和。这些位的含义取决于处理器和模式，如果省略 M，则使用默认掩码。

掩码 F 代表显示浮点寄存器，"F"必须是大写字母，该选项相当于 M 0x4；掩码 X 代表显示 SSE XMM 寄存器，该选项相当于 M 0x40；掩码 Y 代表显示 AVX YMM 寄存器，该选项相当于 M 0x200。掩码 YI 表示显示 AVX YMM 整数寄存器，该选项相当于 M 0x400。

一个显示寄存器数据的例子如命令 5.17 所示。

```
0:000 > rF
fpcw = 027F      fpsw = 0000      fptw = 0000
st0 =            0.000000000000000000000e + 0000              st1 =
0.000000000000000000000e + 0000
st2 =            0.000000000000000000000e + 0000              st3 =
0.000000000000000000000e + 0000
st4 =            0.000000000000000000000e + 0000              st5 =
```

```
0.000000000000000000000e+0000
st6 =         0.000000000000000000000e+0000              st7 =
0.000000000000000000000e+0000
ntdll!NtWaitForMultipleObjects+0x14:
00007ffe59250994 c3              ret
```

命令 5.17　r 命令输出

5.2.7　Windbg 查看内存数据

Windbg 提供一系列的以字母 d 命令开头的内存查看命令，分别用于查看直接内存段、字符串、结构体等内容。具体命令格式如命令 5.18 所示。

```
d{a|b|c|d|D|f|p|q|u|w|W} [Options] [Range]
dy{b|d} [Options] [Range]
d [Options] [Range]
```

命令 5.18　显示内存命令

下面简单介绍 d 系列的几个常用命令：

da：按照给定内存地址按照 ASCII 码格式字符串显示。

dd：按照双字(DWORD)格式显示指定内存地址的内容。

du：按照给定内存地址按照 Unicode 码格式字符串显示。

dW：每条显示行中第一个字的地址和最多八个十六进制字符值。

第 6 章

.NET 基本调试命令

第 5 章介绍了在操作系统上调试原生应用程序的一些基本调试命令。本章将介绍在操作系统上. NET 调试扩展给调试者带来的专门针对. NET Framework 和. NET Core 应用程序的调试命令。

6.1 .NET 调试扩展概览

所谓调试扩展，是一组帮助用户调试的应用程序。与普通的应用程序不同的是，调试扩展程序没有自己的界面，而是依托现有的调试器界面的用户交互能力增强调试器对于某些场景下的调试功能，让用户更加方便地查找应用程序存在的问题。如果调试器本身不具备外接组件的能力，那么调试扩展也就无从谈起。例如 Linux 平台上的 GDB，就无法加载第三方的组件，也就无法支持调试扩展。

. NET 调试扩展在不同的操作系统平台上有着不同的情况。大致分为 Windows 操作系统的. NET 调试扩展和 Linux 及 macOS 操作系统的调试扩展。

在 Windows 平台上最基础的. NET 调试扩展由. NET Framework SDK 自带的 SOS 扩展。其中，SOS 是英语 Son of Strike 的缩写。其实这个名字还是有些来历的，早在 18 年前，微软的. NET 技术刚刚进入开发阶段时，. NET 开发团队的创始人之一 Mike Toutonghi 为开发团队起了一个代号叫作 Lighting。Lighting 开发团队在编写第一个版本. NET Framework 时，Larry Sullivan 领导的开发小组为了可以方便地调试. NET CLR 自身的代码，以及调试. NET 应用程序在. NET CLR 上的运行状态，自行开发了一个针对 NTSD (Windbg 命令行版本)调试器的扩展，并命名为 Strike. dll。在实际开发工作中，开发团队的人越来越离不开 Strike 的帮助，他们利用 Strike. dll 和 NTSD 调试. NET CLR 和. NET 应用程序中的问题以便改进. NET Framework。随着越来越多的开发者和用户使用. NET，用户和开发者也许要有工具帮助他们发现应用程序的问题，这样调试工作也就不仅限于. NET 开发团队内部了。由于 Strike. dll 工具的一些调试命令过于强大，甚至开发组觉得带有破坏性，Lighting 开发团队怕把 Strike. dll 直接发布之后会出现意想不到的问题，例如黑客可以利用这样一款调试工具在. NET 应用程序中做一些不好的事情，于是决定限制

Strike. dll 的功能，制作一个 Strike 的子集，再向公众发布。于是，名字也就被确定为 Son Of Strike。

随着对 SOS 使用的不断深入，. NET 开发团队和用户发现 SOS 的功能很多时候不足以满足调试的需求，或者使用 SOS 调试一些. NET 应用程序问题时调试步骤过于复杂。例如使用 SOS 调试 ASP. NET Web 应用时，没有帮助用户查看 HttpContext 对象的专门命令。而 HttpContext 对象是 HTTP 请求 Web 在服务器上被创建之后一直在各个功能模块之间传递的对象，对分析 ASP. NET 问题很有帮助。于是，ASP. NET 开发团队又创建了调试扩展 Psscor。针对. NET Framework 2.0 和. NET Framework 4.0 这两个. NET CLR 有重大改进的版本推出了 Psscor2 和 Psscor4 两个调试扩展。这两个调试扩展中的命令可以帮助调试者缩短学习调试的路径，更加直观地看到需要的调试信息。

除了微软官方的调试扩展，还有很多个人制作的调试扩展，如 SOSEX、MEX（半官方）等。因为 Windows 下的调试器 Windbg 的 SDK 是公布出来的，怎么给 Windbg 编写一个扩展也是有样例代码的。任何一个开发者只要熟悉 C/C++，精通 Windows 和. NET 的运行原理都可以给 Windbg 编写调试扩展。

以上介绍了许多 Windows 上的. NET Framework 调试器扩展，读者可能不禁要问，难道调试. NET Core 的应用程序和调试. NET Framework 应用程序使用同一套调试器扩展吗？

答案是肯定的。因为不管是. NET Core 还是. NET Framework，它们的对象在托管内存中内存布局以及经过源代码编译后的中间语言代码，在二进制这个层面上都是兼容的。因此，在 Windows 平台上使用. NET Framework 调试扩展就可以调试. NET Core 应用程序。

反观 Linux 和 macOS 上的情况就没有 Windows 平台上那么乐观了。首先，与 gcc 配套的调试器 GDB（GNU Debugger）本身不支持加载第三方的组件。Clang 平台上的调试器 LLDB 是可以支持第三方的组件的，所以. NET Core 调试器扩展只能是针对 LLDB 调试器的。而目前针对 LLDB 开发的. NET Core 调试器扩展也只有. NET Core 项目组提供的 libsosplugin. so。因为毕竟. NET Core 应用程序可以在 Linux 和 macOS 操作系统上运行也就是最近两年的事情。相信随着. NET Core 的逐渐普及会有越来越多的. NET Core 调试扩展出现在 LLDB 中。

6.2 .NET 数据结构的基本知识

在正式开始学习. NET 调试之前，必须了解一些. NET 的主要数据结构的基本知识。因为真正的调试步骤就是在数据结构中查找各种地址，通过运算和推断再定位内存和堆栈上的相关问题。了解一些. NET 主要数据结构的知识有助于调试者从大量的信息中找到自己需要的那部分。

6.2.1 对象在内存中的形态

在面向对象编程中，任何类型的实例都被称作对象。任何对象在使用之前都要在内存中被实例化，或者被称作在内存中展开。换言之，就是用 new 关键字在内存中申请一片连续的地址区域来存放对象以及相关的数据。

对于 CLR，要在内存中维护一个对象，需要保存类型数据、对象自身数据成员占用的内存以及一些其他的数据和数据结构，例如对象的哈希值和同步块等。图 6.1 是一个对象在内存中展开的形态。

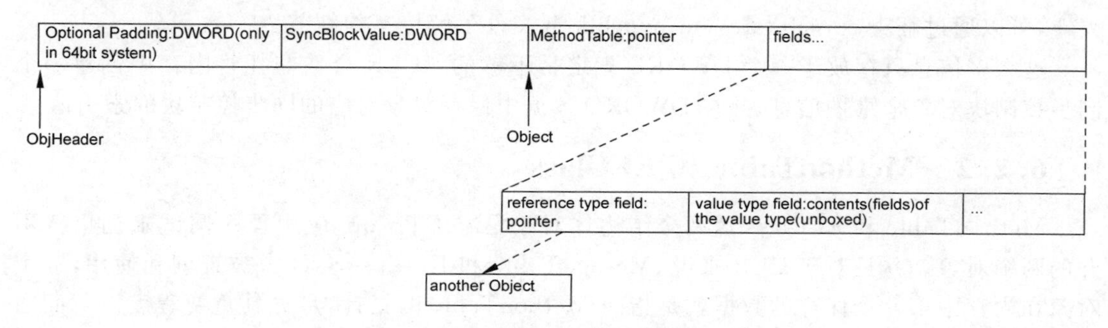

图 6.1 对象在内存中的形态

无论是什么类型的对象，在内存中每个对象的头部都会有一个同步控制块。同步控制块 SyncBlock 占用一个 DWORD。之所以不明确地说是多少字节，是因为 32 位操作系统和 64 位操作系统是不一样的。在 C/C++的定义中，DWORD 的定义是 typedef unsigned long DWORD。而一般来说，long 类型在 32 位是 4 字节，在 64 位是 8 字节。

紧跟在同步控制块后面的是一个指向对象所属类型的 MethodTable 的指针。第三部分是对象的数据类型成员。每个数据成员既有可能是一个值类型，也有可能是引用类型。如果是值类型，那么数据就直接保存在数据成员所在的这段内存上。如果是引用类型的成员，那么只保存一个指向对象的指针。

对象中的唯一一个特例是 String 类型。因为字符串实在是太常用了，以至于 C# 也必须为此做出妥协，创建一个 string 关键字来表示 String 类型。字符串是目前唯一一个语法上编写起来像值类型的引用类型。一个字符串类型的对象在内存中的布局如图 6.2 所示。

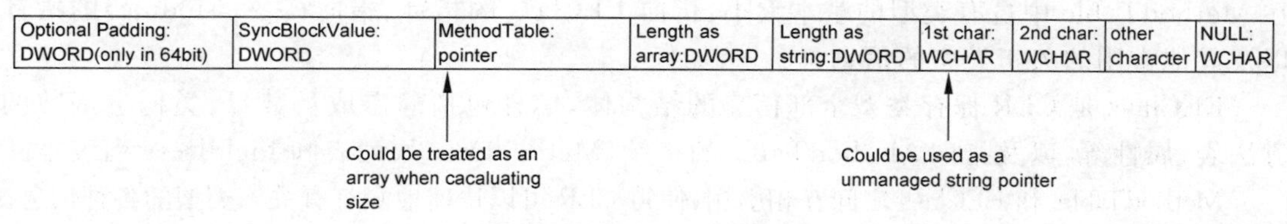

图 6.2 String 类型在内存中的形态

在 String 类型对象中，在 MethodTable 之后，还有两个 DWORD 长度的数据，用来保存当前字节数组的长度和当前字符串的长度。在长度数据之后，是字符串数组本身，在字符串的尾部有一个 NULL，表示字符串的结尾。但是实际上，字符串的长度由字符串对象中字符串长度数据来决定而非 NULL。

实际上，同步控制块这部分的 DWORD 数据并不会计入对象的实际大小之中。每个对象的实际大小从对象的 MethodTable 起始地址开始计算。同步控制块的数据在对象的基地址之前。同步控制块的 DWORD 数据实际上是由多个标志位组成的掩码数据。这包括哈希值、所属的应用程序域索引、瘦锁（thinlock）等信息。如果读者对同步控制块的细节感兴趣，可以通过翻查 coreclr\src\vm\syncblk. h 文件了解更多的细节。

这么多信息只存放于一个 DWORD 肯定是不够的。CLR 会在非托管内存中创建一个同步控制块对象来维护信息，并在 DWORD 数据中保存对象对应的同步控制块的索引值。

6.2.2 MethodTable 和 EEClass

MethodTable 和 EEClass 这两个结构体对象是. NET Core 应用程序调试永远也绕不开的两个对象。并且对于 CLR 来说，MethodTable 和 EEClass 会经常被查询和使用，一个对象在内存中第一个保存的数据就是指向 MethodTable 的指针，足见其重要程度。下面通过图 6.3 来了解对象的 MethodTable 和 EEClass。

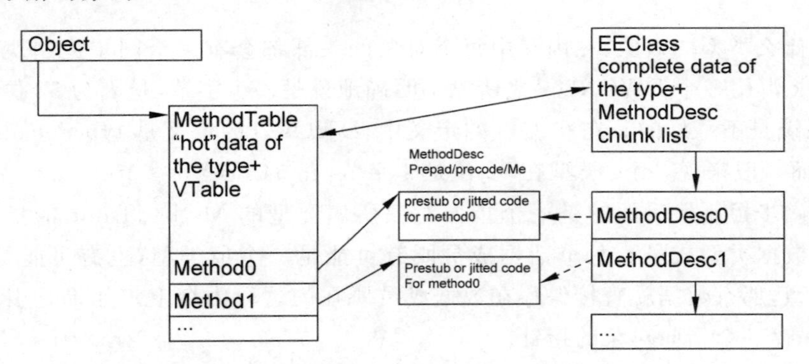

图 6.3 MethodTable 和 EEClass

在 MethodTable 结构体中，保存了一些 CLR 要经常使用的热数据和指向各个方法代码地址的指针，也就是类似 C++上经常说的虚表。MethodTable 也是对象类型的唯一标识。在 MethodTable 中含有类型的基本大小、指向 EEClass 的指针、指向模块（Module）的指针以及其他常用的关于类型的信息。

EEClass 是 CLR 保存类型全部信息的结构体，信息包括静态成员数量、类构造函数的方法表、属性等，以及指向 MethodTable 的指针、MethodDesc 块列表和 FieldDesc 列表等。

MethodTable 和 EEClass 之间互相引用，使得 CLR 可以快速地翻查有关该类型的各种信息。

有关实现 MethodTable 和 EEClass 的代码可以参考 coreclr\src\vm\methodtable. h 和 coreclr\src\vm\class. h 文件。

6.2.3 MethodDesc

MethodDesc 是一个用来描述类型中某一个方法信息的数据结构，主要包含方法的签名信息以及实际代码所在的地址。在类型没有被 JIT 编译之前，该类型的代码地址是 ILRVA（中间语言相对虚拟地址），在 JIT 动态编译过这个类型之后，ILRVA 就会变成 CPU 可以识别的真实二进制代码地址。MethodDesc 结构体中，专门有一个 IsJitted 属性标明当前地址是 ILRVA 还是 JIT 之后的真实代码地址。MethodDesc 的源代码在 coreclr\src\vm\method.hpp 文件中。

通过以上内容，可以了解到一个.NET Core 的类型和它的对象在内存中的形态，同时也简单地了解到了 MethodTable、EEClass 和 MethodDesc 结构体的主要作用和内存形态。在后面 6.3 节的调试命令介绍中，会大量地引用以上三个.NET Core 内部数据结构。

6.3 .NET 调试扩展命令

本节主要介绍在 Windows 平台和 Linux 平台常用的调试扩展命令，让读者对调试命令有一个初步认识，以便更好地理解后续章节的内容。

每个命令都写出了在各自调试器之下本身的形态。不同的调试器对于扩展命令的处理方法是不同的。例如 Windbg 要求扩展命令必须以叹号开头。LLDB 的.NET Core 调试扩展则需要以 sos 开头（其他调试扩展另有定义）。由于很多命令有缩写，在下面的内容中，给出的都是最简化的版本。请注意：下面介绍的很多 LLDB 调试扩展命令并不以 sos 开头，那是因为考虑到命令的使用频率，调试扩展为这些 sos 开头的命令在 LLDB 中起了别名。

6.3.1 代码和堆栈调试命令

本节介绍一些在 Windows 和 Linux 下托管代码中与线程和代码调用堆栈相关的调试命令。

1. 查看线程命令

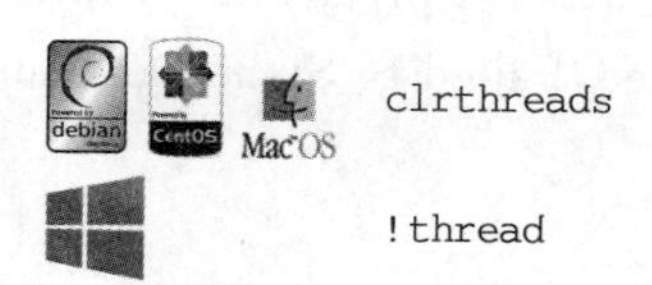

```
clrthreads
```

```
!thread
```

该命令用于显示当前进程中托管线程的基本信息情况。该命令不会显示进程内全部的线程信息，只专注于.NET Core 的托管线程。有时进程中还会出现一些用来做辅助工作的其他线程。

该命令有两个参数，-live 参数用来告诉该命令只显示当前活跃的托管线程信息；-special 参数用来显示一些.NET Core 相关的系统线程信息，例如执行垃圾回收的线程、调试辅助线程、线程池定时器线程、Finalizer 线程等。

请注意,在调试线程时,通常会看到三种线程 ID 信息:调试速记 ID、CLR 线程 ID 和操作系统线程 ID,即 OSID。其中速记 ID 是调试扩展程序为了调试者调试方便,强制关联指定给一个线程的,与系统资源无关。

2. 查看线程状态命令

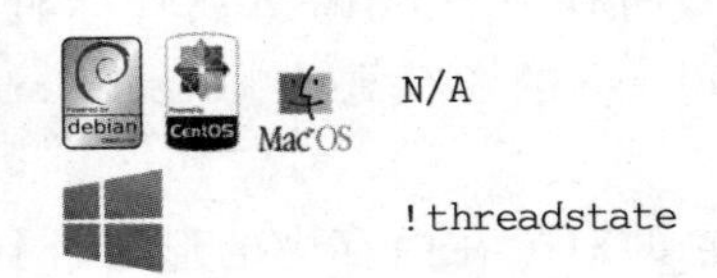

N/A

!threadstate

该命令可以根据!thread 命令给出的 State 状态值显示指定线程当前的状态信息,如图 6.4 所示。

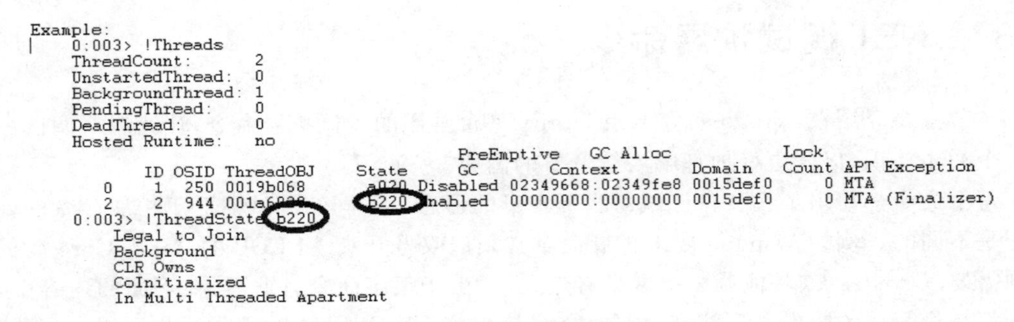

```
Example:
    0:003> !Threads
    ThreadCount:        2
    UnstartedThread:    0
    BackgroundThread:   1
    PendingThread:      0
    DeadThread:         0
    Hosted Runtime:     no
                                          PreEmptive   GC Alloc                  Lock
          ID OSID ThreadOBJ     State     GC       Context           Domain      Count APT Exception
       0   1  250 0019b068      a020 Disabled 02349668:02349fe8 0015def0      0 MTA
       2   2  944 001a6      b220 Enabled  00000000:00000000 0015def0      0 MTA (Finalizer)
    0:003> !ThreadState b220
        Legal to Join
        Background
        CLR Owns
        CoInitialized
        In Multi Threaded Apartment
```

图 6.4 ThreadState 命令

可能的线程状态有 Thread Abort Requested, GC Suspend Pending, User Suspend Pending, Debug Suspend Pending, GC On Transitions, Legal to Join, Yield Requested, Hijacked by the GC, Blocking GC for Stack Overflow, Background, Unstarted, Dead, CLR Owns, CoInitialized, In Single Threaded Apartment, In Multi Threaded Apartment, Reported Dead, Fully initialized, Task Reset, Sync Suspended, Debug Will Sync, Stack Crawl Needed, Suspend Unstarted, Aborted, Thread Pool Worker Thread, Interruptible, Interrupted, Completion Port Thread, Abort Initiated, Finalized, Failed to Start, Detached。

3. 指令地址转 MethodDesc 命令

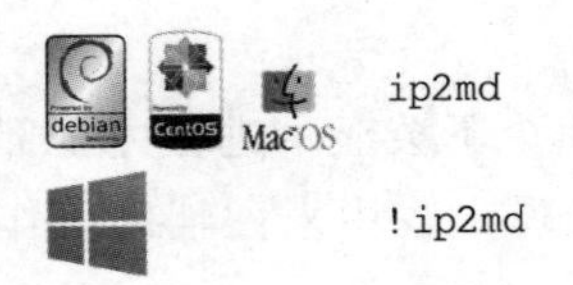

ip2md

!ip2md

该命令可以根据线程堆栈、CPU 的 IP 寄存器中的代码地址查询当前正在执行的代码属于哪个类型中的哪个方法,然后返回这个类型的 MethodDesc 结构体,如图 6.5 所示。

```
(lldb) bt
...
frame #9: 0x00007fffffffbf60 0x00007ffff61c6d89 libcoreclr.so`MethodDesc::DoPrestub(this=0x00007ffff041f870, pDispatchingMT=0x0
000000000000000) + 3001 at prestub.cpp:1490
frame #10: 0x00007fffffffc140 0x00007ffff61c5f17 libcoreclr.so`::PreStubWorker(pTransitionBlock=0x00007fffffffc9a8, pMD=0x00007
ffff041f870) + 1399 at prestub.cpp:1037
frame #11: 0x00007fffffffc920 0x00007ffff5f5238c libcoreclr.so`ThePreStub + 92 at theprestubamd64.S:800
frame #12: 0x00007fffffffca10 0x00007ffff04981cc
frame #13: 0x00007fffffffca30 0x00007ffff049773c
frame #14: 0x00007fffffffca80 0x00007ffff04975ad
...
frame #22: 0x00007fffffffcc90 0x00007ffff5f51a0f libcoreclr.so`CallDescrWorkerInternal + 124 at calldescrworkeramd64.S:863
frame #23: 0x00007fffffffccb0 0x00007ffff5d6d6dc libcoreclr.so`CallDescrWorkerWithHandler(pCallDescrData=0x00007fffffffce80, fC
riticalCall=0) + 476 at callhelpers.cpp:88
frame #24: 0x00007fffffffcd00 0x00007ffff5d6eb38 libcoreclr.so`MethodDescCallSite::CallTargetWorker(this=0x00007fffffffd0c8, pA
rguments=0x00007fffffffd048) + 2504 at callhelpers.cpp:633

(lldb) ip2md 0x00007ffff049773c
MethodDesc:   00007ffff7f71920
Method Name:  Microsoft.Win32.SafeHandles.SafeFileHandle.Open(System.Func`1<Int32>)
Class:        00007ffff0494bf8
MethodTable:  00007ffff7f71a58
mdToken:      0000000006000008
Module:       00007ffff7f6b938
IsJitted:     yes
CodeAddr:     00007ffff04976c0
Transparency: Critical
```

图 6.5 ip2md 命令

在上面的调试中，用 LLDB 的 bt 列举出当前线程上的每一帧函数调用。地址 0x00007ffff049773c 是某一帧堆栈上函数调用的返回地址，使用这个地址找到了调用这一帧的 SafeHandle.Open 函数。

4. 托管代码反汇编命令

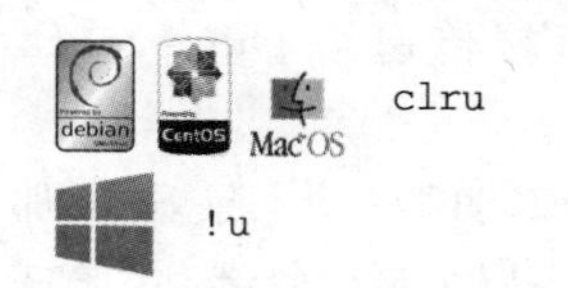

clru

!u

该命令可以根据给出的 MethodDesc 地址或者代码地址，将地址附近的汇编代码进行反汇编，以调试者可读的方式进行显示，如图 6.6 所示。

```
<example output>
...
03ef015d b901000000      mov     ecx,0x1
03ef0162 ff156477a25b    call    dword ptr [mscorlib_dll+0x3c7764 (5ba27764)] (System.Console.Initi
alizeStdOutError(Boolean), mdToken: 06000713)
03ef0168 a17c20a701      mov     eax,[01a7207c] (Object: SyncTextWriter)
03ef016d 89442414        mov     [esp+0x14],eax
```

图 6.6 托管代码反汇编

该命令有以下参数：-gcinfo 参数，会显示 GC 的内联方法；-ehinfo 参数，会显示内联的异常信息，例如 try/finally/catch 处理程序的开始和结束等信息；-o 参数，用来指定输出时以函数的入口地址作为基地址，偏移量以函数入口地址计算。

如果调试器正确地配置了符号表信息，那么反汇编的每一行都会尽力匹配符号表中的源代码进行显示。

5. 显示堆栈信息命令

dumpstack

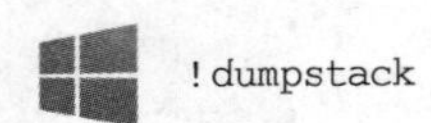

```
!dumpstack
```

该命令可以显示当前线程的调用堆栈。其实 Windbg 的 kb 和 LLDB 的 bt 命令也可以用来显示堆栈的详细信息，但是这两个命令显示的信息混合着原生 API 调用和托管代码调用，有时会让调试者感到无所适从。DumpStack 命令就是用来帮助调试者显示与被调试应用程序相关的堆栈信息。

该命令的-EE 参数将指定 DumpStack 命令只显示托管堆栈的信息，而不显示原生 API 调用的信息。同样，DumpStack 命令也严重依赖符号表，将尽量与符号表中的源代码行以及源代码进行匹配显示。

6. 显示全部托管线程堆栈命令

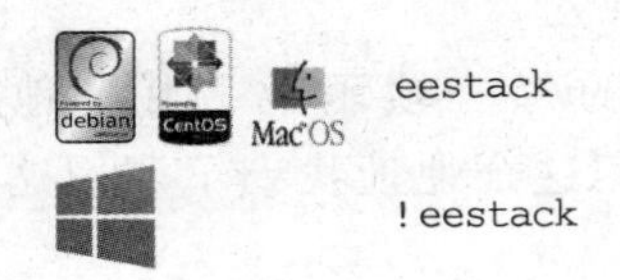

```
eestack
```

```
!eestack
```

EEStack 命令会在每个线程上都调用 DumpStack 命令显示每个线程上的堆栈信息。该命令也有两个参数，第一个是-EE。这个参数会由 EEStack 直接传递给 DumpStack 命令，用来限定 DumpStack 命令只显示每一个堆栈上的托管堆信息。

另一个参数是-short，该参数用来让 EEStack 看起来更“聪明”一些，只显示那些 EEStack 关注的线程堆栈信息。EEStack 命令会关注三类线程：被同步对象锁住，陷于等待的线程；垃圾收集器劫持正在处理垃圾收集的线程；只含有托管代码的线程。这样一来，开发者就可以排除掉那些隐藏在进程内部纷繁复杂的非托管线程堆栈，而专注于托管堆栈的问题排查。因为即使是.NET Core 应用程序，也会不可避免地在进程内部创建一些执行操作系统原生代码的线程。

7. 托管堆栈查看命令

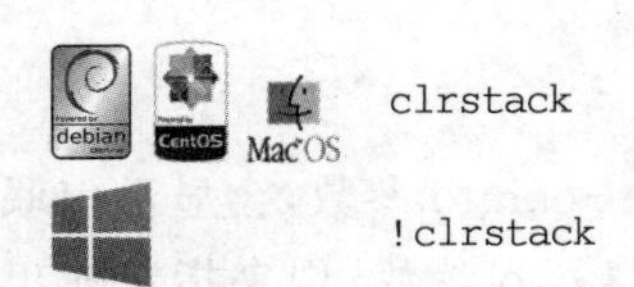

```
clrstack
```

```
!clrstack
```

用 DumpStack 命令查看堆栈，会同时显示非托管代码调用和托管代码调用，而使用 CLRStack 查看堆栈，只会看到托管代码调用的部分。CLRStack 是专注于显示托管代码调用堆栈信息的调试命令。

该命令有很多参数，而且几乎都经常用得上。-p 代表要求 CLRStack 命令显示每一帧调用时传入函数的参数详细信息，也就是参数对象的地址。-l 代表要求 CLRStack 命令显示每一帧调用的局部变量信息。-a 参数是-l 和-p 的合集，用来显示变量和参数的值。

-f参数用来进行全模式显示，混合堆栈的原生调用帧、托管代码帧以及托管程序集名称等信息。

当调试者看到名称为"[Frame：...."的方法时，表示这是托管和非托管代码之间的转换帧。调试者可以把这一帧的返回地址传递给 ip2md 命令，以便获取这个类型的更多信息。

8. JIT 编译结果查看命令

```
sos GCInfo

!gcinfo
```

该命令用来帮助查看 JIT 即时编译器的运行状况。.NET 开发团队的人会通过审查 GCInfo 命令给出的信息来判断 JIT 在动态编译.NET 代码时是否有 bug。通过给 GCInfo 传入一个已经经过 JIT 编译过的代码地址来查看 JIT 整体的编译效果，如图 6.7 所示。

```
(lldb) sos GCInfo 5b68dbb8   (5b68dbb8 is the start of a JITTED method)
entry point 5b68dbb8
preJIT generated code
GC info 5b9f2f09
Method info block:
    method      size   = 0036
    prolog      size   =  19
    epilog      size   =   8
    epilog     count   =   1
    epilog      end    = yes
    saved reg.  mask   = 000B
    ebp frame          = yes
    fully interruptible=yes
    double align       = no
    security check     = no
    exception handlers = no
    local alloc        = no
    edit & continue    = no
    varargs            = no
    argument   count   =   4
    stack frame size   =   1
    untracked count    =   5
    var ptr tab count  =   0
    epilog         at   002E
36 D4 8C C7 AA |
93 F3 40 05    |

Pointer table:
14             |           [EBP+14H] an untracked  local
10             |           [EBP+10H] an untracked  local
0C             |           [EBP+0CH] an untracked  local
08             |           [EBP+08H] an untracked  local
44             |           [EBP-04H] an untracked  local
```

图 6.7 gcinfo 命令

9. 结构化异常处理查看命令

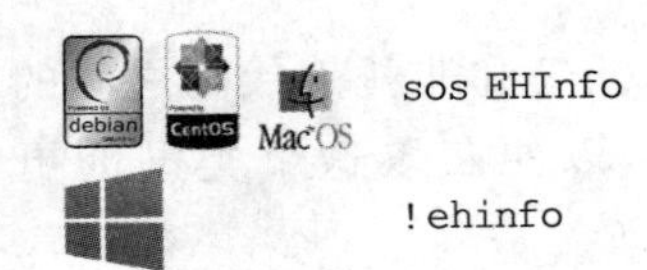

sos EHInfo

!ehinfo

该命令用来显示给定的某个方法中结构化异常处理代码经过 JIT 编译之后的结果，用来审查结构化异常处理代码的 JIT 编译结果是否符合预期。图 6.8 是一个例子，通过给 EHInfo 命令传入一个 MethodDesc 地址，显示该函数中的结构化异常处理的形态。

```
(lldb) sos EHInfo 33bbd3a
MethodDesc: 03310f68
Method Name: MainClass.Main()
Class: 03571358
MethodTable: 0331121c
mdToken: 0600000b
Module: 001e2fd8
IsJitted: yes
CodeAddr: 033bbca0
Transparency: Critical

EHHandler 0: TYPED catch(System.IO.FileNotFoundException)
Clause: [033bbd2b, 033bbd3c] [8b, 9c]
Handler: [033bbd3c, 033bbd50] [9c, b0]

EHHandler 1: FINALLY
Clause: [033bbd83, 033bbda3] [e3, 103]
Handler: [033bbda3, 033bbdc5] [103, 125]

EHHandler 2: TYPED catch(System.Exception)
Clause: [033bbd7a, 033bbdc5] [da, 125]
Handler: [033bbdc5, 033bbdd6] [125, 136]
```

图 6.8 EHInfo 命令

10. 给托管方法设置断点命令

bpmd -md <MethodDesc>

bpmd [-nofuturemodule] <模块名> <托管函数名> [<il offset>]

bpmd <文件名>:<行号>

!bpmd -md <MethodDesc>

!bpmd [-nofuturemodule] <模块名> <托管函数名> [<il offset>]

!bpmd <文件名>:<行号>

该命令用来在附加进程调试或者启动进程调试模式下，给指定的托管函数设置断点。给托管函数设置断点可以通过"MethodDesc，模块名加函数名或者文件名加行号"的方式来设定。

设置断点是希望在后面的调试中应用程序可以触发这些断点，所以 bpmd 命令不适合在针对调试内存转储文件的场合进行设置。图 6.9 是两个为.NET Core 泛型类中的方法设置断点的例子。

```
class G3<T1, T2, T3>
{
        ...
        public void F(T1 p1, T2 p2, T3 p3)
        { ... }
}

public class G1<T> {
        // static method
        static public void G<W>(W w)
        { ... }
}

One would issue the following commands to set breapoints on G3.F() and
G1.G():

bpmd myapp.exe G3`3.F
bpmd myapp.exe G1`1.G

And for explicitly implemented methods on generic interfaces:
public interface IT1<T>
{
    void M1(T t);
}

public class ExplicitItfImpl<U> : IT1<U>
{
    ...
    void IT1<U>.M1(U u) // this method's name is 'IT1<U>.M1'
    { ... }
}

bpmd bpmd.exe ExplicitItfImpl`1.IT1<U>.M1
```

图 6.9 为泛型函数设置断点

6.3.2 CLR 数据结构相关调试命令

1. 转储应用程序域命令

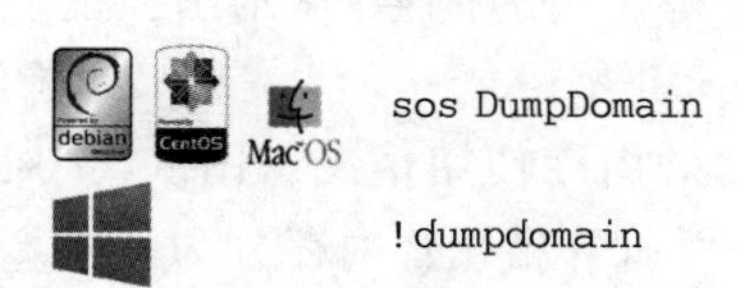

sos DumpDomain

!dumpdomain

该命令用来显示应用程序进程中各个应用程序域的基本情况。.NET Core 与.NET Framework 一致，在进程中保留了.NET Framework 中的隔离层 AppDomain。通常情况下，一个应用程序至少会有三个应用程序域：System Domain，Shared Domain 和应用程序 Domain。System Domain 是.NET Core/.NET Framework 代码的寻址空间；Shared Domain 是用于数据交换的寻址空间；应用程序 Domain 是应用程序自身的寻址空间。当然，应用程序自身也可以创建其他新的 Domain 对象。

在不指定应用程序域地址的情况下，DumpDomain 命令会将全部的应用程序域以及它们加载的程序集逐一进行显示，如图 6.10 所示。

```
(lldb) sos DumpDomain
--------------------------------------
System Domain:          00007f0281a4bce0
LowFrequencyHeap:       00007F0281A4C7F8
HighFrequencyHeap:      00007F0281A4C888
StubHeap:               00007F0281A4C918
Stage:                  OPEN
Name:                   None
--------------------------------------
Shared Domain:          00007f0281a4b100
LowFrequencyHeap:       00007F0281A4C7F8
HighFrequencyHeap:      00007F0281A4C888
StubHeap:               00007F0281A4C918
Stage:                  OPEN
Name:                   None
Assembly:               000000000011c7770 [/usr/share/dotnet/shared/Microsoft.NETCore.App/2.0.3/System.Private.CoreLib.dll]
ClassLoader:            00000000128CCB0
  Module Name
00007f02078a0400            /usr/share/dotnet/shared/Microsoft.NETCore.App/2.0.3/System.Private.CoreLib.dll

--------------------------------------
Domain 1:               000000000124f080
LowFrequencyHeap:       000000000124FD38
HighFrequencyHeap:      000000000124FDC8
StubHeap:               000000000124FE58
Stage:                  OPEN
Name:                   clrhost
Assembly:               000000000011c7770 [/usr/share/dotnet/shared/Microsoft.NETCore.App/2.0.3/System.Private.CoreLib.dll]
ClassLoader:            00000000128CCB0
SecurityDescriptor:     00000000011DF5B0
  Module Name
00007f02078a0400            /usr/share/dotnet/shared/Microsoft.NETCore.App/2.0.3/System.Private.CoreLib.dll

Assembly:               00000000129d0b0 [/home/parallels/Documents/HelloWorld/bin/Debug/netcoreapp2.0/HelloWorld.dll]
ClassLoader:            00000000129D180
SecurityDescriptor:     000000000129CEF0
  Module Name
00007f0207783bf8            /home/parallels/Documents/HelloWorld/bin/Debug/netcoreapp2.0/HelloWorld.dll
```

图 6.10 DumpDomain 命令

2. 转储应用程序堆命令

eeheap [- gc] [- loader]

!eeheap [- gc][- loader]

eeheap 命令会枚举应用程序进程内 CLR 内部数据结构使用的内存，显示出当前应用程序中 CLR 使用内存的基本概况。eeheap 有两个参数-gc 和-loader，-gc 代表只显示 CLR 托管堆的基本信息；-loader 代表只显示应用程序域装载后的内存使用情况。图 6.11 展示了带有-gc 参数的 eeheap 命令的执行情况。在图 6.11 中，可以看到托管内存分为 0、1、2 三代，大对象堆的基地址以及大小等托管内存的详细信息。

```
(lldb) eeheap -gc
Number of GC Heaps: 1
generation 0 starts at 0x00a71018
generation 1 starts at 0x00a7100c
generation 2 starts at 0x00a71000
 segment    begin allocated      size
00a70000 00a71000  00a7e01c 0000d01c(53276)
Large object heap starts at 0x01a71000
 segment    begin allocated      size
01a70000 01a71000  01a76000 0x00005000(20480)
Total Size    0x1201c(73756)
------------------------------
GC Heap Size   0x1201c(73756)
```

图 6.11 eeheap 命令

3. 根据类型名称查找类型结构体命令

name2ee <模块名称>!<类型或者方法名>

!name2ee <模块名称>!<类型或者方法名>

name2ee 命令可以帮助调试者根据一个给定的类型名称或者类型方法名称查找内存中描述这个类型的结构体并进行显示。类型结构体中含有重要的 MethodTable 或 MethodDesc 地址信息，可以用作进一步的调试。图 6.12 中显示了给 name2ee 分别传入方法名称和类型名称的结果。

```
(lldb) name2ee unittest.exe MainClass.Main
Module: 001caa38
Token: 0x0600000d
MethodDesc: 00902f40
Name: MainClass.Main()
JITTED Code Address: 03ef00b8

and for a class:

(lldb) name2ee unittest!MainClass
Module: 001caa38
Token: 0x02000005
MethodTable: 009032d8
EEClass: 03ee1424
Name: MainClass
```

图 6.12　name2ee 命令

4. 根据 MethodTable 显示类型结构体命令

dumpmt - md <MethodTable 地址>

!dumpmt - md <MethodTable 地址>

该命令可以根据调试者给出的 MethodTable 地址查找出这个 MethodTable 隶属的类型，并将类型信息结构体进行显示。如果调试者传入了 dumpmt 命令的唯一参数-md，那么还会显示这个类型的全部方法，如图 6.13 所示。

```
(lldb) dumpmt 00007f0208554d98
EEClass:         00007F02085E2AB0
Module:          00007F02077851C8
Name:            System.IO.StdInReader
mdToken:         0000000002000033
File:            /usr/share/dotnet/shared/Microsoft.NETCore.App/2.0.3/System.Console.dll
BaseSize:        0x40
ComponentSize:   0x0
Slots in VTable: 30
Number of IFaces in IFaceMap: 1
```

图 6.13　dumpmt 命令

5. 根据 EEClass 地址显示类型结构体命令

dumpclass <EEClass 结构体地址>

!dumpclass <EEClass 结构体地址>

该命令可以根据调试者给出的 EEClass 地址查找出 EEClass 结构体，并将结构体信息进行显示，同时还会显示这个类型所属的数据成员相对于类基址的偏移信息，如图 6.14 所示。

```
(lldb) dumpclass 00007F02085E2AB0
Class Name:      System.IO.StdInReader
mdToken:         0000000002000033
File:            /usr/share/dotnet/shared/Microsoft.NETCore.App/2.0.3/System.Console.dll
Parent Class:    00007f02083acc50
Module:          00007f02077851c8
Method Table:    00007f0208554d98
Vtable Slots:    13
Total Method Slots:  13
Class Attributes:    100100
Transparency:        Not calculated
NumInstanceFields:   7
NumStaticFields:     1
              MT    Field   Offset                 Type VT     Attr            Value Name
00007f020778ce98  40001f0       e8 System.IO.TextReader  0   static 0000000000000000 Null
00007f020812c350  40001f2        8 ...ext.StringBuilder  0 instance           _readLineSB
00007f0208555498  40001f3       10 ... System.Console]]  0 instance           _tmpKeys
00007f0208555498  40001f4       18 ... System.Console]]  0 instance           _availableKeys
00007f020812c610  40001f5       20 System.Text.Encoding  0 instance           _encoding
00007f02080e0ff8  40001f6       28        System.Char[]  0 instance           _unprocessedBufferToBeRead
00007f020814c050  40001f7       30         System.Int32  1 instance           _startIndex
00007f020814c050  40001f8       34         System.Int32  1 instance           _endIndex
00007f020812c3f8  40001f1      140        System.String  0   static 0000000000000000 s_moveLeftString
```

图 6.14 dumpclass 命令

6. 根据 MethodDesc 地址显示方法结构体命令

dumpmd <MethodDesc 结构体地址>

!dumpmd <MethodDesc 结构体地址>

该命令可以根据调试者给出的 MethodDesc 地址查找出对应的结构体，并将结构体信息进行显示。调试者要获取 MethodDesc 地址，可以通过该方法中的某个代码地址通过 ip2md 命令获得 MethodDesc 地址，如图 6.15 所示。

在上面的信息中，如果发现 IsJitted 属性是 Yes，那么调试者可以用 clru/!u 命令显示反汇编这个方法的代码。

```
(lldb) dumpmd 902f40
Method Name: Mainy.Main()
Class: 03ee1424
MethodTable: 009032d8
mdToken: 0600000d
Module: 001caa78
IsJitted: yes
CodeAddr: 03ef00b8
```

图 6.15 dumpmd 命令

7. 根据元数据令牌显示类型结构体命令

sos Token2EE <元数据令牌>

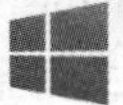

!token2ee <元数据令牌>

该命令可以根据调试者给出的元数据令牌显示类型结构体信息。通常情况下,调试者可以通过名称获得 EEClass 信息,这样更加直观。因此,该命令并不是调试时的第一选择。

8. 显示已加载的模块信息命令

sos dumpmodule [- mt] <已加载的模块地址>

!dumpmodule [- mt] <已加载的模块地址>

该命令可以根据调试者给出的已经加载的模块地址信息显示这个模块包含的类型信息。通过指定-mt 参数,可以查看到模块含有的类型以及它们对应的 MethodTable 数据。

用户可以通过 DumpDomain 获取到程序集在内存中的首地址。图 6.16 演示了 dumpmodule 命令可以显示的程序集中所包含的类型信息。

```
(lldb) sos DumpModule -mt 1aa580
Name: /home/user/pub/unittest
...<etc>...
MetaData start address: 0040220c (1696 bytes)

Types defined in this module

      MT    TypeDef Name
------------------------------------------------------------------------------
030d115c 0x02000002 Funny
030d1228 0x02000003 Mainy

Types referenced in this module

      MT    TypeRef Name
------------------------------------------------------------------------------
030b6420 0x01000001 System.ValueType
030b5cb0 0x01000002 System.Object
030fceb4 0x01000003 System.Exception
0334e374 0x0100000c System.Console
03167a50 0x0100000e System.Runtime.InteropServices.GCHandle
0336a048 0x0100000f System.GC
```

图 6.16 dumpmodule 命令

9. 显示已加载的程序集信息命令

dumpassembly [- mt] <已加载的程序集地址>

!dumpassembly [- mt] <已加载的程序集地址>

该命令可以根据调试者给出的已经加载的程序集地址信息，显示这个程序集包含的类型信息。通过指定-mt 参数，可以查看到程序集中含有的类型以及它们对应的MethodTable 数据。

这里有一个经常令人混淆的事情，.NET 在设计之初是设想程序集（Assembly）是一个很大的概念，里面应该含有多个模块（Module）。每个模块是一个文件，多个模块文件合并在一起可以构建一个程序集。这么设计，是考虑到程序集中含有的内容也可能很多，例如一个程序集可能含有大量代码、图片和本地化字符串等。也就是说理论上讲，一个.NET 程序集可以含有多个文件。而在实际的使用中，极少有人这么干，都是一个.dll 文件构成一个程序集。于是 Assembly 也就渐渐地被认为是一个.dll 文件了。但是从.NET 内部数据结构上这还是两部分。所以会有 dumpModule 和 dumpAssembly 两个调试命令共存。其实在实际的调试工程中，调试者更多的是在使用 dumpmodule，而不是 dumpassembly。

10. 转储中间语言代码命令

dumpil <MethodDesc 地址> | <托管动态方法对象>

!dumpil <MethodDesc 地址> | <托管动态方法对象>

该调试命令可以根据调试者给出的 MethodDesc 或者动态方法对象来把指定方法中的二进制中间语言代码转储为调试者可读的中间语言源代码，用于审查指定函数的源代码，或者已经经过 JIT 编译过后在运行时编译的中间语言源代码。

在没有源代码配合的情况下，使用 dumpil 命令可以转储出某个类型下的某个方法的源代码，用来进行静态审查，如图 6.17 所示。

```
(lldb) ip2md 00007F020842665A
MethodDesc:    00007f02077864c0
Method Name:   System.Console.ReadLine()
Class:         00007f02083a50c8
MethodTable:   00007f0207786718
mdToken:       0000000006000078
Module:        00007f02077851c8
IsJitted:      yes
CodeAddr:      00007f0208426640
Transparency: Not calculated
(lldb) dumpil 00007f02077864c0
ilAddr = 00007F0208414500
IL_0000: call System.Console::get_In
IL_0005: callvirt System.IO.TextReader::ReadLine
IL_000a: ret
```

图 6.17 **dumpil 命令**

11. 查看运行时相关类型命令

sos DumpRuntimeTypes

```
!dumpruntimetypes
```

该调试命令主要用来显示托管堆内存中有哪些 System. RuntimeType 以及它的子类型的对象,并将这些对象的首地址、MethodTable 地址以及类型名称等信息逐一进行显示,如图 6.18 所示。

```
(lldb) sos DumpRuntimeTypes
         Address           Domain                  MT Type Name
------------------------------------------------------------------------------
00007f01e00065e0 000000000124f080 00007f020812c3f8 System.String
00007f01e0006608 000000000124f080 00007f0208130bc0 System.Byte
00007f01e0006630 000000000124f080 00007f02080c2188 System.IEquatable`1
00007f01e00066b8                ? 00007f0207a442b2 System.IEquatable`1
00007f01e0006700 000000000124f080 00007f02080c3b80 System.Void
00007f01e0006748 000000000124f080 00007f020811lef0 System.IEquatable`1[[System.String, System.Private.CoreLib]]
00007f01e0006770 000000000124f080 00007f0208188470 System.Collections.Generic.GenericEqualityComparer`1[[System
.Int32, System.Private.CoreLib]]
00007f01e0028f58 000000000124f080 00007f0208133818 System.Collections.Generic.Dictionary`2[[System.String, Syst
em.Private.CoreLib],[System.Object, System.Private.CoreLib]]
00007f01e00299e8 000000000124f080 00007f020814c050 System.Int32
00007f01e0029ab0 000000000124f080 00007f0208110420 System.IEquatable`1[[System.Int32, System.Private.CoreLib]]
00007f01e002beb0 000000000124f080 00007f02081302d0 System.Globalization.NumberFormatInfo
00007f01e0030cf8 000000000124f080 00007f0208552678 System.Text.StringOrCharArray
00007f01e0030dc0 000000000124f080 00007f0208552730 System.IEquatable`1[[System.Text.StringOrCharArray, System.C
onsole]]
```

图 6.18 DumpRuntimeTypes 命令

12. 查看方法签名命令

sos DumpSig <MethodDesc 地址> | <托管动态方法对象>

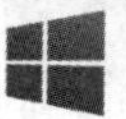

!dumpsig <MethodDesc 地址> | <托管动态方法对象>

该调试命令可以根据给出的方法或字段的签名地址显示其详细信息。通过转换原始的 PCCOR_SIGNATURE 结构体,可以了解到当前这个函数的调用顺序等信息,如下所示:

```
0:000> sos DumpSig 0x000007fe'ec20879d 0x000007fe'eabd1000
[DEFAULT] [hasThis] Void (Boolean,String,String)
```

所谓方法签名,由方法名称、通用参数、形式参数、形式参数类型和形式参数顺序构成。. NET Core 会将以上信息转换成一个字符流,用来在运行时内区分各个类型的方法。由于方法签名并不包含函数的返回值类型信息,因此,开发者无法仅仅通过修改返回值就能重载一个方法。对于 CLR 来说,只要函数的名字、参数的类型和顺序都是一致的,无论返回值是什么,都会被认为是同一个函数。

6.3.3 内存对象分析相关命令

以下 7 个调试命令与. NET Core 托管堆内存以及内存中的对象有关。通过以下命令可以了解到. NET Core 托管堆的工作状态以及对象中所含数据的详细情况。

1. 显示托管对象明细命令

dumpobj <对象地址>

!do <对象地址>

该命令用来显示给定内存地址上的托管对象的全部细节，包括 MethodTable，EEClass，对象大小以及对象全部的属性、属性偏移量和属性值。

该命令还有一个-nofields 参数，用来指定 dumpobj 不显示对象的属性。图 6.19 是一个显示对象的样例。

```
(lldb) dumpobj a79d40
Name: Customer
MethodTable: 009038ec
EEClass: 03ee1b84
Size: 20(0x14) bytes
 (/home/user/pub/unittest)
Fields:
      MT    Field   Offset                 Type VT     Attr    Value Name
009038ec  4000008        4             Customer  0 instance 00a79ce4 name
009038ec  4000009        8                 Bank  0 instance 00a79d2c bank
```

图 6.19 dumpobj 命令

2. 显示托管数组命令

sos DumpArray <数组地址>

!da <数组地址>

该命令用来显示给定内存地址上的托管数组中的全部成员。其中，-start 参数可以指定要显示的第一个数组成员的索引位置；-length 参数用来指定要显示几个数组成员，如图 6.20所示。

3. 显示堆栈对象命令

dso

!dso

该命令用来显示被堆栈上直接引用的对象信息，包括引用的对象名称和地址。仅有的一个参数-verify 要求 DumpStackObjects 命令严格验证对象的每一个非静态属性。

```
(lldb) sos DumpArray -start 2 -length 3 -details 00ad28d0
Name: Value[]
MethodTable: 03e41044
EEClass: 03e40fc0
Size: 132(0x84) bytes
Array: Rank 1, Number of elements 10, Type VALUETYPE
Element Type: Value
[2] 00ad28f0
    Name: Value
    MethodTable 03e40f4c
    EEClass: 03ef1698
    Size: 20(0x14) bytes
     (/home/user/bugs/225271/arraytest)
    Fields:
          MT    Field   Offset                 Type     Attr    Value Name
    5b9a628c  4000001        0         System.Int32  instance        2 x
    5b9a628c  4000002        4         System.Int32  instance        4 y
    5b9a628c  4000003        8         System.Int32  instance        6 z
[3] 00ad28fc
    Name: Value
    MethodTable 03e40f4c
    EEClass: 03ef1698
    Size: 20(0x14) bytes
     (/home/user/bugs/225271/arraytest)
    Fields:
          MT    Field   Offset                 Type     Attr    Value Name
    5b9a628c  4000001        0         System.Int32  instance        3 x
    5b9a628c  4000002        4         System.Int32  instance        6 y
    5b9a628c  4000003        8         System.Int32  instance        9 z
[4] 00ad2908
    Name: Value
    MethodTable 03e40f4c
    EEClass: 03ef1698
    Size: 20(0x14) bytes
     (/home/user/bugs/225271/arraytest.exe)
    Fields:
          MT    Field   Offset                 Type     Attr    Value Name
    5b9a628c  4000001        0         System.Int32  instance        4 x
    5b9a628c  4000002        4         System.Int32  instance        8 y
    5b9a628c  4000003        8         System.Int32  instance       12 z
```

图 6.20 **DumpArray 命令**

4. 显示托管堆对象命令

dumpheap

!dumpheap

该命令用来显示.NET 托管堆上的全部对象以及托管堆上对象的统计信息。如果不给出托管堆的起始地址，dumpheap 就会枚举当前进程内使用到的全部托管堆，并将该进程中的托管堆对象全部列出，最后根据对象的类型显示统计信息，即某个类型的托管对象一共在托管堆上发现了多少个，占用了多少字节的内存。

当指定-stat 作为参数时，dumpheap 只显示托管堆的统计信息，不会列举出全部的对象信息。

-type 参数用来只查看给定类型的对象。dumpheap 会翻查指定的托管堆找出名称中含有给定类型字符的对象。这意味着调试者不需要给出一个类型的精确名称。

当指定-mt 参数时，dumpheap 会根据给定的 MethodTable 的值列出内存中该类型的全部对象的地址信息。图 6.21 是 dumpheap 根据给定的托管堆起始地址列举出堆上全部对象的例子。

```
(lldb) eeheap -gc
Number of GC Heaps: 1
generation 0 starts at 0x00007F01DFFFF030
generation 1 starts at 0x00007F01DFFFF018
generation 2 starts at 0x00007F01DFFFF000
ephemeral segment allocation context: none
         segment             begin         allocated              size
00007F01DFFFE000  00007F01DFFFF000  00007F01E0035FE8  0x36fe8(225256)
Large object heap starts at 0x00007F01EFFFF000
         segment             begin         allocated              size
00007F01EFFFE000  00007F01EFFFF000  00007F01F0003480  0x4480(17536)
Total Size:              Size: 0x3b468 (242792) bytes.
------------------------------
GC Heap Size:            Size: 0x3b468 (242792) bytes.
(lldb) dumpheap -stat 00007F01DFFFF000
Statistics:
              MT    Count    TotalSize Class Name
00007f02085558d8        1           24 System.ConsoleKeyInfo[]
00007f0208554008        1           24 System.Collections.Generic.GenericEqualityComparer`1[[System.Text.StringOrCharArray, Sys
tem.Console]]
00007f0208550b78        1           24 System.ConsolePal+TerminalFormatStrings+<>c
00007f02085503c0        1           24 System.IO.SyncTextReader
00007f0208188470        1           24 System.Collections.Generic.GenericEqualityComparer`1[[System.Int32, System.Private.CoreL
ib]]
00007f020816a570        1           24 System.Collections.Generic.GenericEqualityComparer`1[[System.String, System.Private.Core
Lib]]
00007f020815da20        1           24 System.Security.Policy.ApplicationTrust
00007f0208158ac0        1           24 System.OrdinalIgnoreCaseComparer
00007f02081589d8        1           24 System.OrdinalCaseSensitiveComparer
00007f0208156500        1           24 System.SharedStatics
00007f020814c300        1           24 System.IntPtr
00007f0208148ec8        1           24 System.Collections.Generic.Dictionary`2+KeyCollection[[System.String, System.Private.Cor
eLib],[System.Object, System.Private.CoreLib]]
00007f020813a2d8        1           24 System.Collections.Generic.NonRandomizedStringEqualityComparer
00007f02081308c8        1           24 System.Boolean
00007f0207789718        1           24 System.ConsolePal+<>c
00007f0207788d60        1           24 System.Console+<>c
```

图 6.21 对象在内存中的形态

5. 显示值类型命令

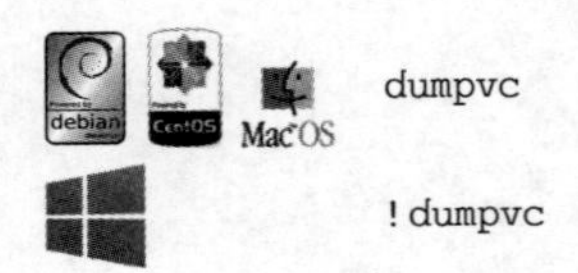

dumpvc

!dumpvc

该命令用来检查内存中的值类型(Value Class)对象。之前介绍的 dumpobj 等命令都是用来查看托管堆上的引用类型对象的。在.NET 的类型系统中，还有另外重要的部分是值类型。值类型的对象数据成员的审查是依靠 dumpvc 命令。通常情况下，具有数据成员的值类型对象主要是结构体(struct)。dumpvc 可以通过给出的 MethodTable 和对象的地址完整地显示结构体中全部的数据成员的名称和值，让调试者清晰地了解到结构体中每个数据成员的详细值，如图 6.22 所示。

6. 查找对象引用根命令

gcroot

```
(lldb) sos DumpObj a79d98
Name: Mainy
MethodTable: 009032d8
EEClass: 03ee1424
Size: 28(0x1c) bytes
 (/home/user/pub/unittest)
Fields:
      MT    Field   Offset                 Type      Attr    Value Name
0090320c  4000010        4            VALUETYPE  instance 00a79d9c m_valuetype
009032d8  400000f        4                CLASS    static 00a79d54 m_sExcep
m_valuetype is a value type. The value in the MT column (0090320c) is the
MethodTable for it, and the Value column provides the start address:

(lldb) sos DumpVC 0090320c 00a79d9c
Name: Funny
MethodTable 0090320c
EEClass: 03ee14b8
Size: 28(0x1c) bytes
 (/home/user/pub/unittest)
Fields:
      MT    Field   Offset                 Type      Attr    Value Name
0090320c  4000001        0                CLASS  instance 00a743d8 signature
0090320c  4000002        8         System.Int32  instance     2345 m1
0090320c  4000003       10       System.Boolean  instance        1 b1
0090320c  4000004        c         System.Int32  instance     1234 m2
0090320c  4000005        4                CLASS  instance 00a79d98 backpointer
```

图 6.22 dumpvc 命令

!gcroot

该命令用来查找给定对象的最终引用根对象。在.NET Core 中,一个类型的对象会被其他对象所引用,调用方法或者包含都是有可能的。在分析内存问题时,如果要找到一个对象为什么没有被释放的根本原因,就需要通过 gcroot 命令来查找当前对象是被哪个对象最终引用。gcroot 命令就是用来在内存中查找一个对象的引用根的。

最终一个对象的引用根只可能存在于以下几个地方:堆栈、GC 句柄、Finalizer 线程或者以上位置的某个对象的数据成员之中。图 6.23 演示了 gcroot 命令的使用。

```
(lldb) dumpheap -type System.IO.StreamWriter
         Address               MT     Size
00007f01e002acc0 00007f020778c398      104

Statistics:
              MT    Count    TotalSize Class Name
00007f020778c398        1          104 System.IO.StreamWriter
Total 1 objects
(lldb) gcroot -all 00007f01e002acc0
HandleTable:
    00007F02831815F8 (pinned handle)
    -> 00007F01EFFFF038 System.Object[]
    -> 00007F01E002B3C8 System.IO.SyncTextWriter
    -> 00007F01E002ACC0 System.IO.StreamWriter

Found 1 roots.
```

图 6.23 gcroot 命令

7. 输出异常对象命令

pe

!pe

该命令用来帮助调试者查看内存中的异常对象。在.NET Core 的错误处理规范中，当遇到函数自身无法处理的错误时，应该抛出异常。如果调试者在内存中检索到了异常对象，并进行查看，就非常有助于快速定位应用程序运行中出现的问题。PrintException 命令就是为了简化调试步骤而创建的。

对于掌握了 SOS 调试命令的调试者来说，并不一定非得使用 PrintException 命令。用 DumpHeap 和 DumpObj 也一样可以达到相同的效果。

图 6.24 中展示了如何用 PrintException 命令显示一个 ThreadAbortException 对象的异常详细信息。

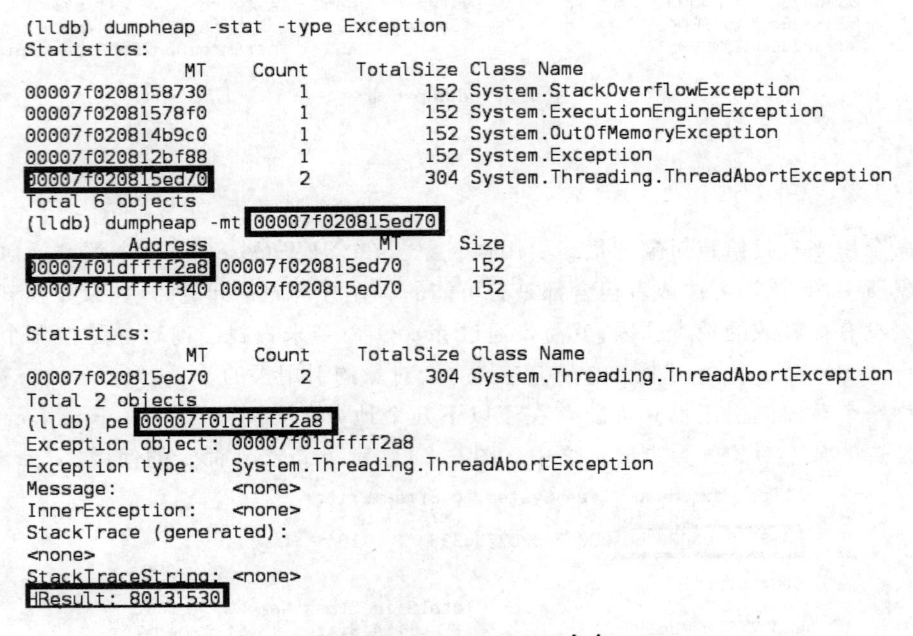

```
(lldb) dumpheap -stat -type Exception
Statistics:
              MT    Count    TotalSize Class Name
00007f0208158730        1          152 System.StackOverflowException
00007f02081578f0        1          152 System.ExecutionEngineException
00007f020814b9c0        1          152 System.OutOfMemoryException
00007f020812bf88        1          152 System.Exception
00007f020815ed70        2          304 System.Threading.ThreadAbortException
Total 6 objects
(lldb) dumpheap -mt 00007f020815ed70
         Address               MT     Size
00007f01dffff2a8 00007f020815ed70      152
00007f01dffff340 00007f020815ed70      152

Statistics:
              MT    Count    TotalSize Class Name
00007f020815ed70        2          304 System.Threading.ThreadAbortException
Total 2 objects
(lldb) pe 00007f01dffff2a8
Exception object: 00007f01dffff2a8
Exception type:   System.Threading.ThreadAbortException
Message:          <none>
InnerException:   <none>
StackTrace (generated):
<none>
StackTraceString: <none>
HResult: 80131530
```

图 6.24 PrintException 命令

这里还有一个比较有趣的事情，就是当前正在调试的程序并没有遇到严重的错误，没有出现崩溃也没有内存耗尽的情况。但是在 dumpheap 命令显示所有异常类型的对象时，却看到了 StackOverflowException、ExecutionEngineException 和 OutOfMemoryException 三个对象。这三个对象都是应用程序遇到了极其严重的错误时才需要抛出的异常对象。怎么会存在于一个健康的应用程序中呢？

原因是，当应用程序遭遇堆栈溢出、执行引擎错误和内存耗尽的情况时，已经没有足够的资源和时间去创建异常对象了。于是.NET Core就在每个应用程序中先创建好这三个异常对象，以备不时之需。所以在托管堆上看到这三个异常对象时，并不意味着现在应用程序已经遇到了极其严重的错误。

6.4 那些所谓的调试套路

在学习调试的过程中，经常有人请教所谓的"套路"。调试者期望输入一些固定的命令顺序获得期望的结果。例如应用程序运行慢怎么调试？想知道应用程序代码的哪一行抛出了空引用异常？等等。

严格地说，并不存在什么"套路"。因为调试本身就是一个破案或者说是一个解谜的过程。调试者就是一位侦探，根据嫌犯留下的蛛丝马迹大胆猜测、小心求证。嫌犯有时候智商很低，可以根据以往经验直接破案；有时候嫌犯智商很高，故意露出的破绽反而会把侦探引入歧途。因此，对于每一次应用程序调试，以往的经验只能作为参考，并没有什么调试的金科玉律，在按规定动作输入一些调试命令后就可以获得调试结果。

从微观层面来说，调试确实可以通过上面介绍的那些命令进行组合达成一些局部的进展。例如想查看某个类型的源代码怎么办？想查看某个类型的对象怎么办？等等。下面简要地介绍那些所谓的"套路"。

1. 从堆栈信息查看某个函数的源代码

首先，要通过LLDB的bt或者Windows下的k系列命令显示当前线程的调用堆栈，又或者用clrstack显示当前进程的.NET托管调用堆栈。然后，找到该函数的下一帧的返回地址。注意由于堆栈是后进先出的，因此下一帧是在当前帧的上面而不是下面。第三步，通过函数下一帧的返回地址，用IP2MD命令转换，显示该方法的MethodDesc。最后用DumpIL以MethodDesc作为参数显示该函数的IL中间语言代码。具体情况如调试6.1所示(调试内容有删减)。

```
(lldb) clrstack
OS Thread Id: 0x7cd (1)
        Child SP               IP Call Site
00007FFCB0775C80  00007F020842665A  System.Console.ReadLine()
00007FFCB0775C90                                 00007F02083B04C5
  HelloWorld.Program.Main(System.String[])
  [/home/parallels/Documents/HelloWorld/Program.cs @ 25]

  (lldb) ip2md      00007F020842665A
  MethodDesc:       00007f02077864c0
  Method Name:      System.Console.ReadLine()
```

```
Class:            00007f02083a50c8
MethodTable:      00007f0207786718
mdToken:          0000000006000078
Module:           00007f02077851c8
IsJitted:         yes
CodeAddr:         00007f0208426640
Transparency:     Not calculated

(lldb) dumpil 00007f02077864c0
ilAddr = 00007F0208414500
IL_0000: call System.Console::get_In
IL_0005: callvirt System.IO.TextReader::ReadLine
IL_000a: ret
```

调试 6.1 从堆栈查看方法代码

2. 从托管堆上找到某种类型的对象

在这种情况下,可以使用 DumpHeap 命令配合-type 参数先查找到这些类型的对象地址。然后,使用 DumpObj 命令显示指定对象的详细信息。具体操作如调试 6.2 所示。

```
(lldb) dumpheap - type System.IO.StdInReader
         Address               MT     Size

00007f01e00345d8  00007f0208554d98      64

Statistics:
            MT    Count    TotalSize Class Name
00007f0208554d98    1          64 System.IO.StdInReader
Total 1 objects

(lldb) dumpobj          00007f01e00345d8
Name:                   System.IO.StdInReader
MethodTable:            00007f0208554d98
EEClass:                00007f02085e2ab0
Size:                   64(0x40) bytes
File:
/usr/share/dotnet/shared/Microsoft.NETCore.App/2.0.3/System.Console.dll
Fields:
              MT     Field   Offset                 Type VT      Attr
Value Name
00007f020778ce98  40001f0             e8 System.IO.TextReader  0
static            0000000000000000    Null
00007f020812c350  40001f2             8 ...ext.StringBuilder   0
instance          00007f01e0034ea0 _readLineSB
00007f0208555498  40001f3             10 ... System.Console]]  0
```

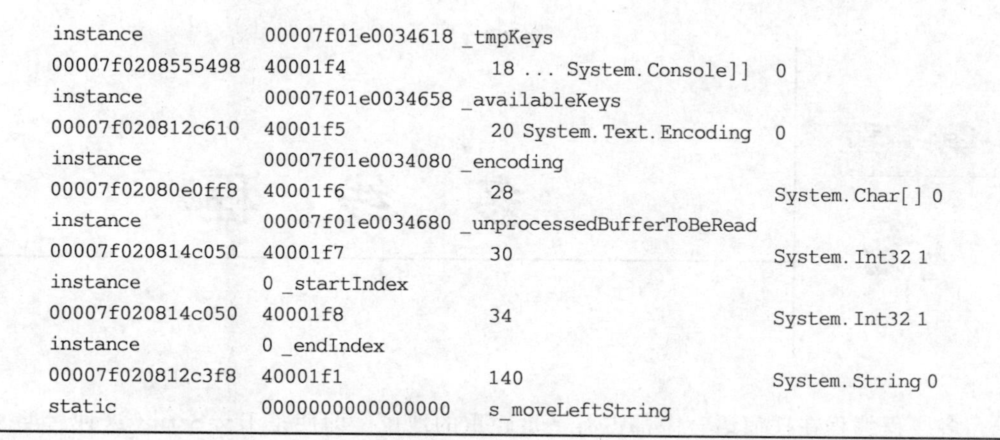

```
instance            00007f01e0034618 _tmpKeys
00007f0208555498    40001f4            18 ... System.Console]]  0
instance            00007f01e0034658 _availableKeys
00007f020812c610    40001f5            20 System.Text.Encoding  0
instance            00007f01e0034080 _encoding
00007f02080e0ff8    40001f6            28                       System.Char[] 0
instance            00007f01e0034680 _unprocessedBufferToBeRead
00007f020814c050    40001f7            30                       System.Int32 1
instance            0 _startIndex
00007f020814c050    40001f8            34                       System.Int32 1
instance            0 _endIndex
00007f020812c3f8    40001f1            140                      System.String 0
static              0000000000000000   s_moveLeftString
```

调试 6.2 从托管堆查看对象的方法

3. 调试多线程应用程序

对于一些多线程应用程序，需要首先通过 thread/!thread 命令查看全部线程的基本情况。然后在此基础上了解清楚哪些线程是托管线程，哪些线程是非托管线程。对于托管线程，要通过调试命令先查看全部托管线程的调用堆栈信息，以便对程序目前的运行状况有一个初步的了解。

第 7 章

多线程

多线程编程在任何语言中都占有举足轻重的地位。即使是 JavaScript 这种后期发展远远超出创立初期预期的脚本化的编程语言,也在广大程序员的努力下不遗余力地增加着多线程编程的能力。

说起多线程编程,真的是让程序员又爱又恨。一方面它大大地提高了应用程序的并行能力,优化了用户与应用程序的人机交互、提升了运算效率;另一方面由于多线程导致的线程之间同步、跨线程访问等问题,都会导致应用程序结构和调试的复杂度成倍地增加。本章就带领读者重新认识一下.NET Core 的多线程并介绍相应的调试技术。

7.1 多线程基础

在正式进行多线程之前,先来了解一下什么是线程,以及线程同步涉及的主要对象。

7.1.1 线程的基本概念

什么是线程?通常来说线程的定义是:线程是进程中的一个实体,是被系统独立调度和分派的基本单位。从操作系统设计的角度来说,线程自己不拥有系统资源,只拥有一点儿在运行中必不可少的资源,它可与共同隶属于同一个进程的其他线程共享进程所拥有的全部资源。

在 Windows 操作系统上线程是通过线程控制块(TCB)来进行管理的。

7.1.2 .NET Core 多线程同步对象

.NET Core 提供了一系列的线程同步对象,帮助开发者控制线程之间的同步和通信。下面,对这些线程同步对象做一个简单的介绍。

1. EventWaitHandle

EventWaitHandle 类允许线程通过信号和等待信号相互通信。事件等待句柄(也简称为事件)可以通过等待句柄来释放一个或多个等待线程。信号发出后,手动或自动重置事件等待手柄。EventWaitHandle 类可以表示本地事件等待句柄(本地事件)或命名系统事件等待句柄。

2. Mutex

线程可以使用 Mutex 对象来提供对资源的独占访问权限。Mutex 类比 Monitor 类使用更多的系统资源，但是它可以跨应用程序域边界进行访问，可以用于多个等待，并且可以用于同步不同进程中的线程。

线程调用互斥锁的 WaitOne 方法来请求所有权。调用会阻塞，直到互斥量可用，或者直到等待超时。如果没有线程拥有它，则发出互斥状态信号。

由于 Mutex 类是从 WaitHandle 派生的，因此也可以调用 WaitHandle 的静态 WaitAll 或 WaitAny 方法来与其他等待句柄一起请求 Mutex 的所有权。

如果一个线程拥有一个 Mutex，该线程可以在重复的等待请求调用中指定相同的 Mutex，而不会阻塞它的执行。但是，它必须多次释放互斥锁才能释放所有权。

3. Interlocked

Interlocked 类提供了同步对多线程共享的变量访问的方法。如果变量在共享内存中，不同进程的线程可以使用这种机制。整个操作是一个单位，不能被同一变量上的另一个互锁操作中断。在具有抢先式多线程的操作系统中，这是非常重要的，其中一个线程可以在从内存地址加载一个值之后暂停，但是在有机会对其进行修改并存储之前，该线程可以被暂停。

4. ReaderWriterLockSlim

ReaderWriterLockSlim 类允许多个线程同时读取一个资源，但需要一个线程等待一个排他锁来写入资源。

开发者可以在应用程序中使用 ReaderWriterLockSlim 提供访问共享资源的线程之间的协作同步，在 ReaderWriterLockSlim 本身上进行锁定。

与任何线程同步机制一样，必须确保没有线程绕过由 ReaderWriterLockSlim 提供的锁定。确保这一点的一种方法是设计一个封装共享资源的类。这个类将提供访问私有共享资源的成员，并使用专用的 ReaderWriterLockSlim 进行同步。

5. SemaphoreSlim

SemaphoreSlim 类表示一个轻量级、快速的信号量，当等待时间很短时，可用于在一个进程中等待。SemaphoreSlim 尽可能依赖公共语言运行库(CLR)提供的同步原语。但是，它也提供了懒惰的、初始化的，基于内核的等待句柄，以支持等待多个信号量。SemaphoreSlim 也支持取消令牌的使用，但是它不支持命名的信号量或使用等待手柄进行同步。

6. 排他锁

排他锁控制对一段代码的访问。这样的块经常被称为临界区。该语句通过使用 Monitor. Enter 和 Monitor. Exit 方法来实现，它使用 block 来确保释放锁。

通常,使用锁定或 SyncLock,单一方法是使用 Monitor 类的最佳方法。Monitor 类虽然功能强大,但容易出现孤儿锁和死锁。

以上对象构成了.NET Core 的多线程同步机制。

7.2 一个简单的多线程程序调试

下面先从一个简单的多线程程序开始多线程调试之旅。通过这个简单的程序可以认识一下在调试状态下的状态和调试基础。

7.2.1 MassiveThreads 程序

MassiveThreads 是一个非常简单的.NET Core 多线程程序。主线程在 Main 函数里面会根据用户输入的参数创建 ReadWriteLock、ReadWriteLockSlim 或 Mutex 等同步对象,并创建 50 个争用线程。在每个线程中一旦获得了同步对象的控制权,就执行一个长时间 Sleep 操作,用来模拟实际代码中的长耗时操作。

MassiveThreads 项目是通过 Visual Studio Code 来开发和维护的。读者可以通过 Visual Studio Code 打开文件夹的方式打开 MassiveThreads 项目。在项目中,Program.cs 是 MassiveThreads 的源代码,MassiveThreads 在启动时要求用户输入 rw rlw 或者 mutex 作为启动参数,以便确定在应用程序启动时采用哪种线程同步对象来控制线程争用。

在使用 Visual Studio Code 对 MassiveThreads 程序进行调试时,需要在项目中的 launch.json 文件中配置 args 属性来控制传入 MassiveThreads 的启动参数,如代码 7.1 所示。

```
{
    "version": "0.2.0",
    "configurations": [
        {
            "name": ".NET Core Launch (console)",
            "type": "coreclr",
            "request": "launch",
            "preLaunchTask": "build",
            "program": "${workspaceRoot}/bin/Debug/netcoreapp2.0/MassiveThreads.dll",
            "args": ["mutex"],
            "cwd": "${workspaceRoot}",
            "stopAtEntry": false,
            "console": "internalConsole"
        },
        {
            "name": ".NET Core Attach",
            "type": "coreclr",
            "request": "attach",
```

```
            "processId": "${command:pickProcess}"
        }
    ]
}
```

代码 7.1　MassiveThreads

7.2.2　LLDB 调试 MassiveThreads

本节使用 LLDB 来对 MassiveThreads 进行调试。首先，通过指定磁盘上应用程序的路径的方式来启动 LLDB，并指定 mutex 作为控制线程争用的同步对象，如命令 7.1 所示。

```
# 跳转到 MassiveThreads.dll 所在文件夹
$ cd ~/Documents/MassiveThreads/bin/Debug/netcoreapp2.0
# 通过指定 dotnet 作为被调试应用程序容器，并指定 MassiveThreads
# 作为加载的应用程序，指定 mutex 作为调试对象
$ lldb dotnet ./MassiveThreads.dll mutex
# 加载 libsosplugin.so 作为 LLDB 调试扩展
(lldb) plugin load
~/dotnet/coreclr/bin/Product/Linux.x64.Debug/libsosplugin.so
```

命令 7.1　LLDB 加载调试 MassiveThreads

在成功启动 LLDB 之后，可以通过 LLDB 启动一个被调试进程运行 MassiveThreads 应用程序。实际上，.NET Core 的应用程序都被编译为 DLL 文件，要通过 dotnet 命令行工具作为运行容器来加载。通过 run 命令或者 process launch 命令启动 MassiveThreads 之后，可以通过 Ctrl ＋ C 切换到 LLDB 调试模式，如图 7.1 所示。

```
parallels@debian-gnu-linux-8:~/Documents/MassiveThreads/bin/Debug/netcoreapp2.0$
 lldb dotnet ./MassiveThreads.dll mutex
(lldb) target create "dotnet"
Current executable set to 'dotnet' (x86_64).
(lldb) settings set -- target.run-args  "./MassiveThreads.dll" "mutex"
(lldb) plugin load ~/dotnet/coreclr/bin/Product/Linux.x64.Debug/libsosplugin.so
(lldb) run
Process 4932 launched: '/usr/bin/dotnet' (x86_64)
Process 4932 stopped
* thread #1: tid = 4932, 0x00007ffff79c73f8 libpthread.so.0`__pthread_cond_timed
wait + 296, name = 'dotnet', stop reason = signal SIGSTOP
    frame #0: 0x00007ffff79c73f8 libpthread.so.0`__pthread_cond_timedwait + 296
libpthread.so.0`__pthread_cond_timedwait:
->  0x7ffff79c73f8 <+296>: movq   %rax, %r14
    0x7ffff79c73fb <+299>: movl   (%rsp), %edi
    0x7ffff79c73fe <+302>: callq  0x7ffff79c9710            ; __pthread_disable_
asynccancel
    0x7ffff79c7403 <+307>: movq   0x8(%rsp), %rdi
(lldb) 
```

图 7.1　LLDB 调试模式切换

调试线程争用问题，首先要确定到底是哪个线程阻塞了其他线程的执行。因此，需要在调试时先确定线程同步对象。这里可以使用 dumpheap -thinlock 命令显示内存中控制线程同步的瘦锁(thin lock)对象。锁对象通常被分为以下四种：

(1) 胖锁(fat lock)：胖锁是一个具有争用历史的锁(多个线程试图同时获取锁)或已经等待的锁(用于通知)。

(2) 瘦锁(thin lock)：瘦锁是一个没有任何争用的锁。

(3) 递归锁(recursive lock)：递归锁是一个线程已经被锁定了几次而没有被释放的锁。

(4) 懒惰锁(lazy lock)：懒惰锁是退出临界区时不会释放的锁。一旦一个线程获取了一个懒惰的锁，那么其他试图获得这个锁的线程就必须确保这个锁已经被释放，如调试 7.1 所示。

```
(lldb) dumpheap - thinlock
         Address               MT     Size
Found 0 objects.
```

调试 7.1 查看瘦锁

可是在应用程序的内存中没有找到有关瘦锁的蛛丝马迹。这就需要另想办法了。可以挑一个线程来看一下堆栈信息，如调试 7.2 所示。

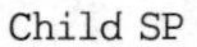

```
(lldb) t 13
(lldb) clrstack
OS Thread Id: 0x1352 (13)
        Child SP               IP Call Site
00007FFFDFF8C720  00007ffff79c704f  [HelperMethodFrame_1OBJ: 00007fffdff8c720]
System. Threading. WaitHandle. WaitOneNative (System. Runtime. InteropServices
.SafeHandle, UInt32, Boolean, Boolean)
00007FFFDFF8C850                                          00007FFF7CC11B9D
System. Threading. WaitHandle. InternalWaitOne (System. Runtime. InteropServices
.SafeHandle, Int64, Boolean, Boolean)
00007FFFDFF8C870                                          00007FFF7D1E15C3
MassiveThreads. Program. DoWork () [/home/parallels/Documents/MassiveThreads/Program
.cs @ 91]
00007FFFDFF8C8D0                                          00007FFF7D244FBD
System. Threading. Thread. ThreadMain_ThreadStart()
00007FFFDFF8C8E0                                          00007FFF7CC112F1
System. Threading. ExecutionContext. Run (System. Threading. ExecutionContext, System
. Threading. ContextCallback, System. Object)
00007FFFDFF8CC58  00007ffff63b5067  [GCFrame: 00007fffdff8cc58]
00007FFFDFF8CD30                                          00007ffff63b5067
```

```
[DebuggerU2MCatchHandlerFrame: 00007fffdff8cd30]
```

调试 7.2 线程堆栈

在堆栈中,可以看到这个线程正在等待一个句柄。请注意句柄这个概念其实是Windows操作系统独有的,用来标识一个系统资源。Linux上虽然没有统一的资源标识,但是也有类似句柄的机制。因此.NET Core在托管代码中仍然沿用了这一说法。

现在看一下内存中有哪些与线程相关的对象,如调试7.3所示。

```
(lldb) dumpheap - stat - type Threading
Statistics:
              MT Count TotalSize Class Name
00007fff7cfa1090                 1                    24
System.Threading.AsyncLocalValueMap+EmptyAsyncLocalValueMap
00007fff7cf165e8                 1                    24
System.Threading.IAsyncLocal[]
00007fff7cfa0998                 1                    32
System.Threading.Mutex+MutexCleanupInfo
00007fff7cf8db68        1        40  System.Threading.Mutex
00007fff7cf66f78                 1                    40
System.Threading.ExecutionContext
00007fff7cf8dbd8                 1                    56
System.Threading.Mutex+MutexTryCodeHelper
00007fff7cef6260                 1                    64
System.Threading.ContextCallback
00007fff7cf8ed70                 2                   304
System.Threading.ThreadAbortException
00007fff7cf670c8                50                  2000
System.Threading.ThreadHelper
00007fff7c5b62e0       50        2000 System.Threading.Thread
00007fff7cf607c8       51        4080 System.Threading.Thread
00007fff7cef6548              150                  9600
System.Threading.ThreadStart
Total 310 objects
```

调试 7.3 线程类型对象

在所有与线程相关的内存对象中,可以发现有一个Mutex对象,对应的MethodTable是00007fff7cf8db68。顺着这个线索追查下去,查看一下这个Mutex对象的地址,如调试7.4所示。

```
(lldb) dumpheap - mt 00007fff7cf8db68
         Address               MT           Size
00007fff580292c8  00007fff7cf8db68      40

Statistics:
              MT   Count   TotalSize Class Name
00007fff7cf8db68  1       40
System.Threading.Mutex
Total 1 objects
```

调试 7.4　托管堆内存查看 Mutex

然后就可以用 dumpobj 命令查看这个对象了，如调试 7.5 所示。

```
(lldb) dumpobj 00007fff580292c8
Name: System.Threading.Mutex
MethodTable: 00007fff7cf8db68
EEClass: 00007fff7c788ec8
Size: 40(0x28) bytes
File:  /usr/share/dotnet/shared/Microsoft. NETCore. App/2. 0. 3/System. Private.
CoreLib.dll
Fields:
      MT              Field      Offset          Type VT        AttrValue Name
00007fff7cf7c300   4000a2a      10        System.IntPtr          1
instance 00000000000000D8 waitHandle
00007fff7cf7a650   4000a2b       8   ...es.SafeWaitHandle         0
instance 00007fff580293c8 safeWaitHandle
00007fff7cf608c8   4000a2c      18        System.Boolean         1
instance 1 hasThreadAffinity
00007fff7cf7c300   4000a2d     780        System.IntPtr          1
shared static InvalidHandle
                               >> Domain:Value 0000000006c4090:NotInit <<
00007fff7cf608c8   40009c2     774        System.Boolean         1
shared     static dummyBool
                        >>                    Domain:Value
0000000006c4090:NotInit <<
```

调试 7.5　查看 Mutex 对象

下面，要试图找出是哪个线程正在使用这个 Mutex 对象。由于.NET Core 中的正在使用的对象都是有引用关系的，因此可以通过查找对象的引用关系来查看 Mutex 对象到底是被哪一个线程正在引用。

查找对象引用关系的调试命令是 gcroot。gcroot 调试命令根据给定的对象在堆上的地址,来层层查找这个对象的引用根。基本上,一个堆上的对象的引用根只能出现在四个地方:堆栈上、托管堆上、句柄引用和 FinalizeQueue(对象即将被销毁)上。下面执行 gcroot 命令查找 Mutex 的引用根,如调试 7.6 所示。

```
(lldb) gcroot 00007fff580292c8
Thread 1344:
    00007FFFFFFFC790                                        00007FFF7D1E0EEA
 MassiveThreads.Program.Main(System.String[])
 [/home/parallels/Documents/MassiveThreads/Program.cs @ 47]
        rbp - 60: 00007fffffffc7a0
            -> 00007FFF580292C8 System.Threading.Mutex

Thread 134d:
    00007FFFE2791870                                        00007FFF7D1E15D1
 MassiveThreads.Program.DoWork()
 [/home/parallels/Documents/MassiveThreads/Program.cs @ 92]
        rbp - 40: 00007fffe2791880
            -> 00007FFF580292C8 System.Threading.Mutex

Thread 134e:
    00007FFFE1F90870                                        00007FFF7D1E15C3
 MassiveThreads.Program.DoWork()
 [/home/parallels/Documents/MassiveThreads/Program.cs @ 91]
        rbp - 40: 00007fffe1f90880
            -> 00007FFF580292C8 System.Threading.Mutex

Thread 134f:
    00007FFFE178F870                                        00007FFF7D1E15C3
 MassiveThreads.Program.DoWork()
 [/home/parallels/Documents/MassiveThreads/Program.cs @ 91]
        rbp - 40: 00007fffe178f880
            -> 00007FFF580292C8 System.Threading.Mutex

Thread 1350:
    00007FFFE0F8E870                                        00007FFF7D1E15C3
 MassiveThreads.Program.DoWork()
 [/home/parallels/Documents/MassiveThreads/Program.cs @ 91]
        rbp - 40: 00007fffe0f8e880
            -> 00007FFF580292C8 System.Threading.Mutex


Thread 137c:
```

```
    00007FFF1FFDE870                                  00007FFF7D1E15C3
MassiveThreads.Program.DoWork()
[/home/parallels/Documents/MassiveThreads/Program.cs @ 91]
        rbp - 40: 00007fff1ffde880
            -> 00007FFF580292C8 System.Threading.Mutex

Thread 137d:
    00007FFF1F7DD870                                  00007FFF7D1E15C3
MassiveThreads.Program.DoWork()
[/home/parallels/Documents/MassiveThreads/Program.cs @ 91]
        rbp - 40: 00007fff1f7dd880
            -> 00007FFF580292C8 System.Threading.Mutex

Thread 137e:
    00007FFF1EFDC870                                  00007FFF7D1E15C3
MassiveThreads.Program.DoWork()
[/home/parallels/Documents/MassiveThreads/Program.cs @ 91]
        rbp - 40: 00007fff1efdc880
            -> 00007FFF580292C8 System.Threading.Mutex

HandleTable:
    00007FFFF7F815F8 (pinned handle)
    -> 00007FFF67FFF038 System.Object[]
    -> 00007FFF580292C8 System.Threading.Mutex
```

调试 7.6　查找引用根

上面的内容是经过裁剪的，真实的情况下，会列出大约 53 个线程都会对当前 Mutex 对象有引用。因为从源代码上可以了解到会有 50 个一模一样的线程对互斥区有争用的情况。还好，gcroot 命令不仅给出了哪些线程对 Mutex 对象有引用，而且还指出了引用 Mutex 对象的线程当前执行到了哪里。在第一个线程中，也就是执行 Main 的第一个线程，这个线程也是整个进程中的第一个线程，引用 Mutex 对象的代码是第 47 行。通过翻查代码可以了解到，这行代码是 Main 函数的最后一行，这不是要关注的重点。

继续向下看 gcroot 的结果，第二个线程对象，执行到了代码的 92 行，这行代码是 Mutex 对象保护的互斥区内的 Sleep 函数。而其他线程此时都停留在第 91 行上，也就是 Mutex.WaitOne 函数上，等待进入互斥区。从而，可以得知目前是第二个线程对象在互斥区内。请注意，这个进入互斥区的线程 gcroot 显示它的 ID 是 134d，这并不是调试时可以使用的线程序列号，而是 Linux 用来管理线程的线程 ID。要查找调试用的线程 ID 与 Linux 用来管理线程的 ID tid 的对应关系，需要使用 thread list 命令将全部的线程枚举一下，如调试 7.7 所示。

```
(lldb) t 134d
error: invalid thread #134d.
```

```
(lldb) thread list
Process 4932 stopped
  thread #1: tid = 4932, 0x00007ffff79c73f8 libpthread.so.0`__pthread_cond_timedwait
 + 296, name = 'dotnet', stop reason = signal SIGSTOP
  thread #2: tid = 4935, 0x00007ffff6ed25b9 libc.so.6`syscall + 25, name = 'dotnet'
  thread #3: tid = 4936, 0x00007ffff6ed25b9 libc.so.6`syscall + 25, name = 'dotnet'
  thread #4: tid = 4937, 0x00007ffff6ecdaed libc.so.6`__poll + 45, name = 'dotnet
'
  thread #5: tid = 4938, 0x00007ffff79ca1ad libpthread.so.0`__libc_open + 45, name
 = 'dotnet'
  thread #6: tid = 4939, 0x00007ffff79c704f libpthread.so.0`__pthread_cond_wait +
191, name = 'dotnet'
  thread #7: tid = 4940, 0x00007ffff79c73f8 libpthread.so.0`__pthread_cond_
timedwait + 296, name = 'dotnet'
  thread #8: tid = 4941, 0x00007ffff79c73f8 libpthread.so.0`__pthread_cond_
timedwait + 296, name = 'dotnet'
  thread #9: tid = 4942, 0x00007ffff79c704f libpthread.so.0`__pthread_cond_wait +
191, name = 'dotnet'
  thread #48: tid = 4981, 0x00007ffff79c704f libpthread.so.0`__pthread_cond_wait
 + 191, name = 'dotnet'
  thread #56: tid = 4989, 0x00007ffff79c704f libpthread.so.0`__pthread_cond_wait
 + 191, name = 'dotnet'
  thread #57: tid = 4990, 0x00007ffff79c704f libpthread.so.0`__pthread_cond_wait
 + 191, name = 'dotnet'
```

调试 7.7 线程 ID 的转换

上面显示的线程 ID,即 tid 是十进制的,之前 gcroot 显示的是十六进制的,因此需要做一个小转换,tid 134d 对应十进制就是 4941,也就是现在看到的第 8 号线程,如调试 7.8 所示。

```
(lldb) t 8
* thread #8: tid = 4941, 0x00007ffff79c73f8
libpthread.so.0`__pthread_cond_timedwait + 296, name = 'dotnet'
frame #0: 0x00007ffff79c73f8 libpthread.so.0`__pthread_cond_timedwait + 296
libpthread.so.0`__pthread_cond_timedwait:
-> 0x7ffff79c73f8 <+296>: movq   %rax, %r14
   0x7ffff79c73fb <+299>: movl   (%rsp), %edi
   0x7ffff79c73fe <+302>: callq  0x7ffff79c9710;
__pthread_disable_asynccancel
   0x7ffff79c7403 <+307>: movq   0x8(%rsp), %rdi
(lldb) clrstack
OS Thread Id: 0x134d (8)
   Child SP               IP Call Site
```

```
00007FFFE2791718    00007ffff79c73f8      [HelperMethodFrame:
00007fffe2791718] System.Threading.Thread.SleepInternal(Int32)
00007FFFE2791840                                     00007FFF7CBC69FD
System.Threading.Thread.Sleep(Int32)
00007FFFE2791860                                     00007FFF7D2458FB
System.Threading.Thread.Sleep(Int32)
00007FFFE2791870                                     00007FFF7D1E15D1
MassiveThreads.Program.DoWork()
[/home/parallels/Documents/MassiveThreads/Program.cs @ 92]
00007FFFE27918D0                                     00007FFF7D244FBD
System.Threading.Thread.ThreadMain_ThreadStart()
00007FFFE27918E0                                     00007FFF7CC112F1
System.Threading.ExecutionContext.Run(System.Threading.ExecutionContext, System
.Threading.ContextCallback, System.Object)
00007FFFE2791C58   00007ffff63b5067   [GCFrame: 00007fffe2791c58]
00007FFFE2791D30                                     00007ffff63b5067
[DebuggerU2MCatchHandlerFrame: 00007fffe2791d30]
```

调试 7.8　查看 8 号线程堆栈

在使用线程跳转命令 thread select(简写 t)跳转到第 8 号线程之后，通过.NET Core 调试扩展的 clrstack 命令，可以查看到该线程当前的调用堆栈。果然，该线程正在调用 sleep 函数在互斥区内睡觉。

至此，在 Linux 操作系统上用 LLDB 和.NET Core 调试扩展完成了对一个简单线程争用场景的分析和调试。

7.2.3 Windbg 调试 MassiveThreads

7.2.2 节中，主要介绍了如何在 Linux 上分析一个简单的线程争用问题的步骤。本节将介绍如何在 Windows 操作系统上利用 Windbg 来分析 MassiveThreads 的步骤。

从宏观上说，都是利用.NET Core 调试扩展来对应用程序进行分析，不应该有太多差异。但是实际上 Windows 上支持的调试命令与 Linux 上支持的调试命令还是有些差异的。下面重点介绍 Windows 操作系统上独有的一些调试命令。

首先，在命令行下跳转到 MassiveThreads 所在的文件夹，利用 dotnet run 命令启动 MassiveThreads 应用程序，然后启动 Windbg 调试器，单击 File→Attach to Process 菜单，附加到被调试进程。请注意，正常情况下会出现两个 dotnet 进程，一定要找那个加载了 MassiveThreads.dll 动态库的那个进程来操作，如图 7.2 所示。

然后，加载.NET 调试扩展，并重新加载一下符号表文件，如调试 7.9 所示。

```
.loadby sos coreclr
.reload
```

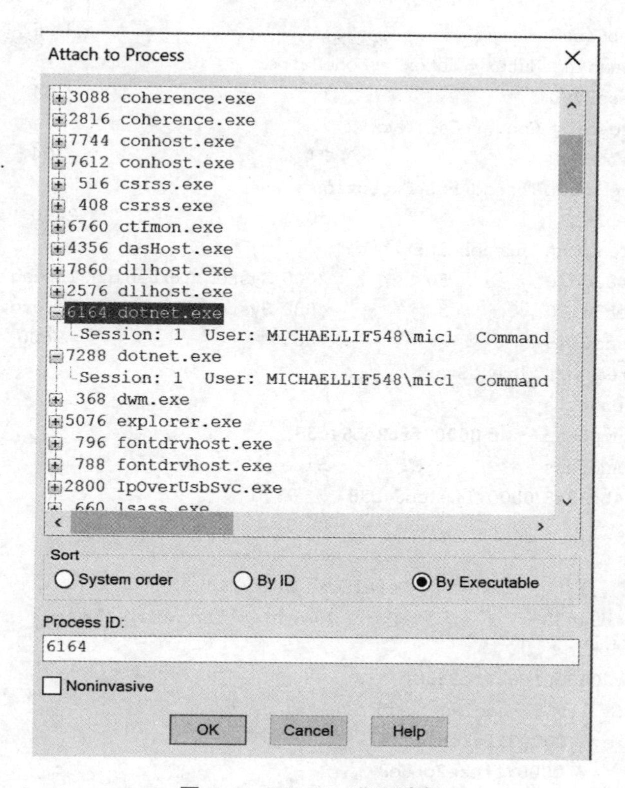

图 7.2 Windbg 进程选择

调试 7.9 加载 Windbg 调试扩展

在准备好调试扩展之后，就可以开始正式调试了。与 LLDB 调试不同的是，Windbg 调用扩展调试命令时，需要使用叹号！作为前导，以表示这是一个扩展调试命令而非内建调试命令。在这里，仍然可以使用 dumpheap 命令查找到 Mutex 对象，并查看 Mutex 对象本身，如调试 7.10 所示。

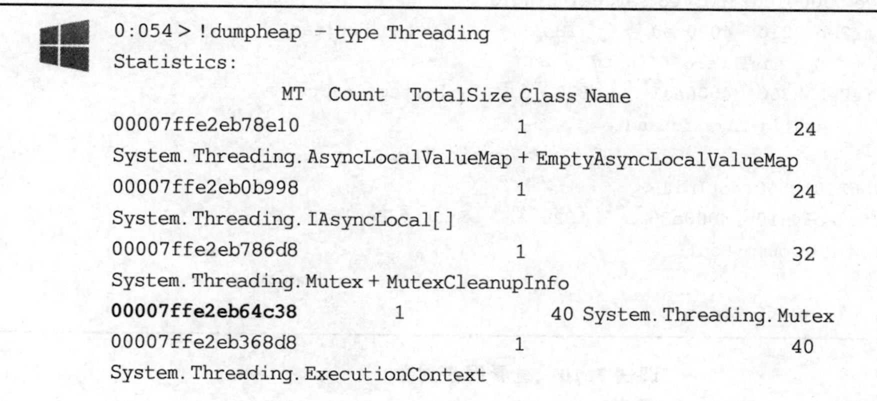

```
0:054 > !dumpheap - type Threading
Statistics:
              MT    Count    TotalSize Class Name
00007ffe2eb78e10                  1                  24
System.Threading.AsyncLocalValueMap + EmptyAsyncLocalValueMap
00007ffe2eb0b998                  1                  24
System.Threading.IAsyncLocal[]
00007ffe2eb786d8                  1                  32
System.Threading.Mutex + MutexCleanupInfo
00007ffe2eb64c38        1              40 System.Threading.Mutex
00007ffe2eb368d8                  1                  40
System.Threading.ExecutionContext
```

```
00007ffe2eb64ca8                    1                          56
System.Threading.Mutex+MutexTryCodeHelper
00007ffe2ead9060                    1                          64
System.Threading.ContextCallback
00007ffe2eb65b48                    2                         304
System.Threading.ThreadAbortException
00007ffe2eb36a98                   50                        2000
System.Threading.ThreadHelper
00007ffdd4836d20          50        2000 System.Threading.Thread
00007ffe2eb34130          51        4080 System.Threading.Thread
00007ffe2ead9348                  150                        9600
System.Threading.ThreadStart
Total 310 objects
0:054>!dumpheap -mt 00007ffe2eb64c38
         Address               MT     Size
000001d624bc33e8 00007ffe2eb64c38       40

Statistics:
              MT    Count    TotalSize Class Name
00007ffe2eb64c38        1           40 System.Threading.Mutex
Total 1 objects
0:054>!do 000001d624bc33e8
Name:        System.Threading.Mutex
MethodTable: 00007ffe2eb64c38
EEClass:     00007ffe2e2dbde8
Size:        40(0x28) bytes
File                                C:\Program Files\dotnet\shared\Microsoft
.NETCore.App\2.0.3\System.Private.CoreLib.dll
Fields:
              MT    Field   Offset                 Type VT     Attr
Value Name
00007ffe2eb52360  4000a9e       10        System.IntPtr         1
instance          22c waitHandle
00007ffe2eb50630  4000a9f        8 ...es.SafeWaitHandle         0
instance 000001d624bc34e8 safeWaitHandle
00007ffe2eb34210  4000aa0       18       System.Boolean         1
instance     1 hasThreadAffinity
00007ffe2eb52360  4000aa1      838        System.IntPtr         1
shared      static InvalidHandle
                                    >> Domain:Value

000001d6230fb560:NotInit <<
00007ffe2eb34210  4000a36      82c      System.Boolean  1
shared static dummyBool
                                    >>             Domain:Value

000001d6230fb560:NotInit  <<
```

调试 7.10 查看同步对象

在以上 Windbg 调试中有个地方需要注意，即 DumpObj 命令，在 LLDB 的.NET Core 扩展中必须要写完整的 dumpobj 才能查看托管堆上的某个对象，而在 Windbg 中，DumpObj 命令可以被简写为 do。这一点与 LLDB 是不一样的。

以上调试和 7.2.2 节的 LLDB 调试器下的调试及版本上没有太多的差别，但是在 Windbg 调试器下面有两个命令是其独有的。

第一个调试命令是 syncblk。syncblk 调试命令可以帮助调试者查看当前线程中同步控制块的信息，如调试 7.11 所示。

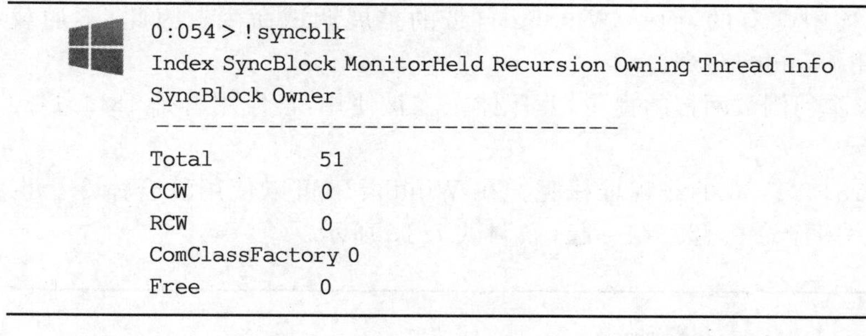

```
0:054 > !syncblk
Index SyncBlock MonitorHeld Recursion Owning Thread Info
SyncBlock Owner
-----------------------------
Total            51
CCW              0
RCW              0
ComClassFactory 0
Free             0
```

调试 7.11　查看同步控制块

可是在以上内容中没有查看到任何有用的信息。这是为什么呢？因为 syncblk 命令只能显示.NET 内部的锁的情况，而不能显示操作系统的原生对象。对于 Mutex 对象来说，syncblk 帮不上什么忙了。如果是在代码中用 lock 关键字，那么就可以通过 syncblk 显示锁的状态来进行显示。

第二个是可以利用 Windows 平台上独有的 handle 命令查看句柄的状态。例如上面的 Mutex 对象中，它的 WaitHandle 句柄号是 22c，可以通过扩展调试命令 handle 查看某个指定的句柄状态，如调试 7.12 所示。

```
0:054 > !handle 22c f
Handle 22c
  Type            Mutant
  Attributes      0
  GrantedAccess   0x1f0001:
        Delete,ReadControl,WriteDac,WriteOwner,Synch
        QueryState
  HandleCoun      2
  PointerCount    65535
  Name        < none >
  Object Specific Information
    Mutex is Owned
    Mutant Owner 1814.1430
```

调试 7.12　查看句柄

在命令中有一个有趣的参数。句柄值 22c 后面跟随的 f 虽然表示要显示该句柄的全部信息,但并不是 full information 的意思,而代表用十六进制表示的十进制 15。因为 Handle 调试扩展可以指定的参数是所谓 KMFlag,KMflag 是用数值表示的:

- Bit 0 (0x1)显示句柄类型信息
- Bit 1 (0x2)显示句柄基本信息
- Bit 2 (0x4)显示句柄名字信息
- Bit 3 (0x8)显示特定对象的句柄信息(如果可用)

以上数值加在一起就是 0xF,这也许是个巧合吧。还要说明的是 Handle 这个扩展调试命令,并不是. NET 调试扩展中含有的,而是 Windbg 自带的扩展调试命令。因此,不加载. NET 调试扩展也可以使用 Handle 命令。

在 Handle 命令中,可以看到倒数两行的提示,互斥体正在被使用,且使用者是 1814. 1430 的线程堆栈。

如何查找到这个名为 1814. 1430 的线程堆栈呢? 在 Windbg 下可以使用复合命令。也就是说可以把一个命令和另一个命令合并在一起,如调试 7. 13 所示。

```
0:054 > ~ *k
  5 Id: 1814.1430 Suspend: 1 Teb: 000000b5`11f7c000 Unfrozen
 # Child - SP         RetAddr          Call Site
000000f3`87bfeda8                                             00007ffe`56118dba
ntdll!NtDelayExecution + 0x14
000000f3`87bfedb0 00007ffe`2f322186 KERNELBASE!SleepEx + 0x9a
000000f3`87bfee50                                             00007ffe`2f3738dc
coreclr!Thread::UserSleep + 0xb2
[e:\a\_work\886\s\src\vm\threads.cpp @ 4716]
000000f3`87bff010 00007ffe`4fd1782b System_Private_CoreLib + 0x561a0a
000000f3`87bff040                                             00007ffd`cf731763
System_Threading_Thread + 0x782b
000000f3`87bff070 00007ffe`4fd16e4d 0x00007ffd`cf731763
000000f3`87bff0f0                                             00007ffe`2e7a7a7e
System_Threading_Thread + 0x6e4d
000000f3`87bff120 00007ffe`2f2235d3
System_Private_CoreLib + 0x587a7e
000000f3`87bff190                                             00007ffe`2f14d9bf
coreclr!CallDescrWorkerInternal + 0x83
[E:\A\_work\886\s\src\vm\amd64\CallDescrWorkerAMD64.asm @ 101]
(Inline              Function)                                --------`--------
coreclr!CallDescrWorkerWithHandler + 0x1a
[e:\a\_work\886\s\src\vm\callhelpers.cpp @ 78]
000000f3`87bff1d0                                             00007ffe`2f216a19
coreclr!MethodDescCallSite::CallTargetWorker + 0x17b
[e:\a\_work\886\s\src\vm\callhelpers.cpp @ 653]
(Inline              Function)                                --------`--------
coreclr!MethodDescCallSite::Call + 0x5
```

```
[e:\a\_work\886\s\src\vm\callhelpers.h @ 433]
000000f3`87bff320                                    00007ffe`2f14d66b
coreclr!ThreadNative::KickOffThread_Worker + 0xd9
[e:\a\_work\886\s\src\vm\comsynchronizable.cpp @ 259]
000000f3`87bff490                                    00007ffe`2f14d586
coreclr!ManagedThreadBase_DispatchInner + 0x43
[e:\a\_work\886\s\src\vm\threads.cpp @ 9204]
000000f3`87bff4d0                                    00007ffe`2f14d498
coreclr!ManagedThreadBase_DispatchMiddle + 0x82
[e:\a\_work\886\s\src\vm\threads.cpp @ 9253]
000000f3`87bff630                                    00007ffe`2f21b8b3
coreclr!ManagedThreadBase_DispatchOuter + 0xb4
[e:\a\_work\886\s\src\vm\threads.cpp @ 9492]
000000f3`87bff6e0                                    00007ffe`2f1f74e0
coreclr!ManagedThreadBase_FullTransitionWithAD + 0x2f
[e:\a\_work\886\s\src\vm\threads.cpp @ 9552]
(Inline               Function)                      --------`--------
coreclr!ManagedThreadBase::KickOff + 0x20
[e:\a\_work\886\s\src\vm\threads.cpp @ 9586]
000000f3`87bff740                                    00007ffe`2f1f73fb
coreclr!ThreadNative::KickOffThread + 0xc0
[e:\a\_work\886\s\src\vm\comsynchronizable.cpp @ 379]
000000f3`87bff800                                    00007ffe`56b11fe4
coreclr!Thread::intermediateThreadProc + 0x8b
[e:\a\_work\886\s\src\vm\threads.cpp @ 2594]
000000f3`87bffa40                                    00007ffe`5921ef91
KERNEL32!BaseThreadInitThunk + 0x14
000000f3`87bffa70                                    00000000`00000000
ntdll!RtlUserThreadStart + 0x21
```

调试 7.13　查看全部非托管堆栈

在这个命令中,第一部分是~ *。波浪线代表跳转到某个指定线程,*是通配符,代表全部的意思。在这里~ *就代表从第一个线程到最后一个线程,逐个切换线程上下文。后面的 k 代表显示调用堆栈的信息。于是这个复合命令代表的含义就是从第一个线程开始逐个显示每个线程中的调用堆栈信息。

7.2.4　MassiveThreads 调试总结

在 MassiveThreads 多线程争用的场景中,快速查找线程锁的情况,可以通过 dumpheap -thinlock,syncblk 命令查看锁和同步区的情况。如果没有查询到相关情况,那么有两种可能,一种是程序可能并不是多线程争用的情况,另一种是程序中使用的是操作系统原生的同步对象,而不是.NET Core 提供的同步对象。Mutex 是一种 Windows、Linux 都支持的操作系统原生对象,System.Threading.Mutex 类仅仅是对操作系统原生对象的封装,并不是.NET Core 提供的同步对象。

对于无法确认是否是线程争用的问题,建议通过 dumpheap -stat -type Threading 的方式列举与线程命名空间相关的托管堆内存对象。如果发现堆内存在线程同步对象,那么最好还是仔细查看这些对象都是什么状态的。

对于系统层面的资源,在 Windows 平台下都是通过句柄(Handle)来表示的。可以从托管堆的原生资源封装类里面找到它封装的句柄值。在 MassiveThreads 这个例子中,就是 Mutex 类型的对象。然后通过扩展命令 handle 查看到底这个对象目前是否被使用,以及被哪个线程在使用。

对于 Linux 操作系统下的调试,可能就没有太好的办法,只能从对象的引用关系上下手,通过 gcroot 命令查看到底是哪些线程在引用这个对象,进而在占用对象的线程中去查看调用堆栈信息。

对于 LLDB 和 Windbg,一些命令的缩写略有差异,请不要忽略这个问题。

7.3 程序死锁的调试

在应用程序中如果一个线程要完成一段工作需要独占一个以上的系统资源,那么就有产生死锁的可能。应用程序产生死锁之后,会出现 CPU 占用率极低,应用程序挂起,不响应或者长时间停留在一个状态不工作的情况。

本节将介绍如何去分析一个应用程序死锁的情况。

7.3.1 DBDeadlockHang 应用程序

这是一个专为制造死锁场景而专门设计的简单程序。程序由三个类构成:DBWrapper1、DBWrapper2 和主程序类 Program。DBWrapper1 和 DBWrapper2 这两个类用来模拟数据库访问(其实只是语义上的,并没有真正地访问数据库)。Program 类中的代码调用了 DBWrapper1 和 DBWrapper2 这两个类的功能。下面来看一下 Program 类的源代码(代码 7-2)。

```
namespace DBDeadlockHang
{
    public class Program
    {
        private static DBWrapper1 db1;
        private static DBWrapper2 db2;

        static void Main(string[] args)
        {
            db1 = new DBWrapper1("DBCon1");
            db2 = new DBWrapper2("DBCon2");
```

```
            new Thread
                (new ThreadStart(Program.ThreadProc)).Start();
            Thread.Sleep(0x7d0);
            lock(db2)
            {
                Console.WriteLine("Updating DB2");
                Thread.Sleep(0x7d0);
                lock(db1)
                {
                    Console.WriteLine("Updating DB1");
                }
            }
        }

        private static void ThreadProc()
        {
            Console.WriteLine("Start worker thread");
            lock(db1)
            {
                Console.WriteLine("Updating DB1");
                Thread.Sleep(0xbb8);
                lock(db2)
                {
                    Console.WriteLine("Updating DB2");
                }
            }
            Console.WriteLine("Out");
        }
    }
}
```

代码 7.2　DBDealockHang

在代码中可以看到，Main 函数中先构造了 DBWrapper1 和 DBWrapper2 两个类型的实例，变量名分别为 db1 和 db2。

然后使用 ThreadProc 函数创建并启动了一个线程，在这个线程中，通过 C# 的关键字 lock 依次锁定了对象 db1 和 db2。

在 Main 函数中启动了线程之后会通过 Sleep 函数进入休眠，主要是为了保证前面的线程至少锁定了对象 db1。然后 Main 函数的代码要求用 lock 关键字依次锁定 db2 和 db1 两个对象。

通过恰当地设置 Sleep 函数的休眠时间，可确保线程锁定了 db1 之后，再锁定 db2 对象时出现等待，而主线程中，是先锁定了 db2 之后，再锁定 db1 时出现等待。两个线程都在等待对方释放资源以便自己可以继续运行，这就出现了死锁。

由于死锁这种状态不会经常出现，而仅仅是偶尔出现，所以直接从启动状态调试应用程序的情况不太出现。经常需要抓取内存转储文件,或者通过附加进程的方法进行调试。

7.3.2 使用 LLDB 调试死锁

在开始之前,首先需要运行 DBDeadlockHang 程序,并获取这个程序的进程信息以便抓取转储文件或者让 LLDB 通过附加进程的方式连接上来,如命令 7.2 所示。

```
# 跳转到程序所在的目录
$ cd DBDeadlockHang
# 运行该程序
$ dotnet run
# 在另一个终端中查询当前进程信息
$ ps -all
```

命令 7.2 查看 DBDeadlocking 进程

在执行了查询进程信息的命令后,会有图 7.3 所示的显示。

```
F S   UID   PID  PPID  C PRI  NI ADDR SZ WCHAN  TTY          TIME CMD
0 S  1000  7641  4906  0  80   0 - 814742 -     pts/0    00:00:05 dotnet
0 S  1000  7704  7641  0  80   0 - 652714 -     pts/0    00:00:00 dotnet
0 S  1000  7785  7777  0  80   0 - 123617 -     pts/2    00:00:00 lldb
0 R  1000  7843  7719  0  80   0 -  2672 -      pts/1    00:00:00 ps
```

图 7.3 进程信息

可以看到 dotnet 进程有两个,进程 ID 分别是 7641 和 7704。由于 dotnet 命令行工具在运行一个程序时会再创建一个进程,因此会存在两个 dotnet 应用程序进程。如果要判断到底是哪个进程在运行当前的应用程序,应该可以从 TIME 时间上来判断,因为新创建的应用程序进入了死锁状态,几乎不占用 CPU 时间。但是这样做并不是很科学。因为对于一个长期运行,偶然进入死锁状态的应用程序来说,它的运行时间会显示为一个较大的数值。

比看时间更准确的方法是查看 PPID 这一列,请注意图 7.3 的第二行信息,进程 7704 的父进程 PPID 的数据指向了另一个 dotnet 进程 7641。根据之前提到的,dotnet 命令行工具会专门创建一个进程运行应用程序。可以断定 7704 进程是运行应用程序的进程。

其实最稳妥的方法是两个进程都抓取内存转储文件,再通过调试器进行判断。抓取内存转储文件,如命令 7.3 所示。

```
# 跳转到程序所在的目录
$ cd /usr/share/dotnet/shared/Microsoft.NETCore.App/2.0.3
$ ./createdump -f ~/Documents/DBDeadlockHang7641.core 7641
$ ./createdump -f ~/Documents/DBDeadlockHang7704.core 7704
```

命令 7.3 用 CreateDump 抓取内存转储

在上面的命令中,使用的是.NET Core 自带的内存转储文件抓取工具 createdump。这个工具在.NET Core 2.0 才发布,之前的版本中并没有。createdump 要求用户指定进程 ID 作为抓取内存转储的必要条件。-f 或--name 参数可以用来指定内存转储文件的位置和路径名。如果不指定,就会在/tmp 中创建内存转储文件,并以进程 ID 作为文件的扩展名称。

在抓取内存转储文件之后,需要通过 LLDB 调试器进行调试,LLDB 调试器需要在启动时指定-c 参数来指定加载一个已经存在的内存转储文件,如命令 7.4 所示。

```
# 通过 -c 参数来指定一个内存转储文件的路径
$ lldb -c ~/Documents/DBDeadlockHang7704.core
# 加载.NET Core 调试扩展
(lldb) plugin load
~/dotnet/coreclr/bin/Product/Linux.x64.Debug/libbsosplugin.so
```

命令 7.4　加载 DBDeadlockingHang 转储文件

在正确加载了内存转储文件和调试扩展之后,就开始正式的调试了。首先,用 clrthreads 命令查看有关托管线程是哪些,如调试 7.14 所示。

```
(lldb) clrthreads
ThreadCount:          3
UnstartedThread:      0
BackgroundThread:     1
PendingThread:     0
DeadThread:           0
Hosted Runtime:       no
Lock
        ID OSID ThreadOBJ         State GC Mode      GC Alloc
Context        Domain                  Count Apt Exception
    1       1    1e18         000000000095B8C0    2020020    Preemptive
00007FBB5C029430:00007FBB5C02A428 0000000000944090 1                  Ukn
    7       2    1e1f         000000000097E600    21220      Preemptive
0000000000000000:0000000000000000 0000000000944090  0                  Ukn
(Finalizer)
    8       3    1e20         00000000009A7FC0    2021020    Preemptive
00007FBB5C02C940:00007FBB5C02E428 0000000000944090 1                  Ukn
```

调试 7.14　查看托管线程

在以上信息中,可以了解到一共有三个托管代码的线程,其中 7 号线程是垃圾收集器的 Finalizer 线程。真正运行托管代码的线程是 1 号和 8 号线程。再通过 clrstack 查看这两个托管线程正在执行哪些操作。

```
(lldb) t 1
* thread #1: tid = 7704, 0x00007fbbfc40504f
libpthread.so.0`__pthread_cond_wait + 191, name = 'dotnet', stop
reason = signal SIGABRT
    frame          #0:                              0x00007fbbfc40504f
libpthread.so.0`__pthread_cond_wait + 191
libpthread.so.0`__pthread_cond_wait:
-> 0x7fbbfc40504f <+191>: movl (%rsp), %edi
    0x7fbbfc405052 <+194>: callq 0x7fbbfc407710          ;
__pthread_disable_asynccancel
    0x7fbbfc405057 <+199>: movq  0x8(%rsp), %rdi
    0x7fbbfc40505c <+204>: movl  $0x1, %esi
(lldb) clrstack
OS Thread Id: 0x1e18 (1)
        Child SP IP Call Site
00007FFD5754F410 00007fbbfc40504f [GCFrame: 00007ffd5754f410]
00007FFD5754F5D8 00007fbbfc40504f [GCFrame: 00007ffd5754f5d8]
00007FFD5754F610 00007fbbfc40504f [HelperMethodFrame_1OBJ:
00007ffd5754f610]
System.Threading.Monitor.ReliableEnter(System.Object, Boolean ByRef)
00007FFD5754F760                                        00007FBB81C10971
DBDeadlockHang.Program.Main(System.String[])
[/Users/micl/Documents/Debugging-Book/code/DBDeadlockHang/Program.cs @ 21]
00007FFD5754FAA0 00007fbbfadf3067 [GCFrame: 00007ffd5754faa0]
00007FFD5754FEB0 00007fbbfadf3067 [GCFrame: 00007ffd5754feb0]

(lldb) t 8
*      thread      #8:      tid      =      7712,      0x00007fbbfc40504f
libpthread.so.0`__pthread_cond_wait + 191, stop reason = signal SIGABRT
    frame               #0:                          0x00007fbbfc40504f
libpthread.so.0`__pthread_cond_wait + 191
libpthread.so.0`__pthread_cond_wait:
-> 0x7fbbfc40504f <+191>: movl    (%rsp), %edi
    0x7fbbfc405052 <+194>: callq     0x7fbbfc407710       ; __pthread_disable
_asynccancel
    0x7fbbfc405057 <+199>: movq    0x8(%rsp), %rdi
    0x7fbbfc40505c <+204>: movl    $0x1, %esi
(lldb) clrstack
OS Thread Id: 0x1e20 (8)
        Child SP              IP Call Site
00007FBBF11B9540 00007fbbfc40504f [GCFrame: 00007fbbf11b9540]
00007FBBF11B9708 00007fbbfc40504f [GCFrame: 00007fbbf11b9708]
00007FBBF11B9740    00007fbbfc40504f  [HelperMethodFrame_1OBJ: 00007fbbf11b9740]
System.Threading.Monitor.ReliableEnter(System.Object, Boolean ByRef)
00007FBBF11B9890                                        00007FBB81C10FB9
```

```
DBDeadlockHang.Program.ThreadProc()
[/Users/micl/Documents/Debugging-Book/code/DBDeadlockHang/Program.cs @ 35]
00007FBBF11B98D0                                             00007FBB81C74FBD
/usr/share/dotnet/shared/Microsoft.NETCore.App/2.0.3/System.Threading.Thread
.dll!Unknown
00007FBBF11B98E0                                             00007FBB816412F1
System.Threading.ExecutionContext.Run(System.Threading.ExecutionContext, System
.Threading.ContextCallback, System.Object)
00007FBBF11B9C58 00007fbbfadf3067 [GCFrame: 00007fbbf11b9c58]
00007FBBF11B9D30                                             00007fbbfadf3067
[DebuggerU2MCatchHandlerFrame: 00007fbbf11b9d30]
```

调试 7.15 查看 Monitor 申请进入互斥区

在上面的内容中,确实是看到了两个线程正在等待进入互斥区。但是,这并不能证明两个线程处于互锁状态,还需要进一步的调试。

在进一步的调试过程中,可以先通过 dumpheap 命令获取到对象的 MethodTable 地址;再通过 dumpheap -mt 命令通过 MethodTable 找到 DBWrapper1 和 DBWrapper2 两个对象;再通过 gcroot 定位到目前两个对象正在被哪些代码引用着。详细步骤如调试 7.16 所示。

```
(lldb) dumpheap -stat -type DBWrapper
Statistics:
              MT    Count    TotalSize Class Name
00007fbb80fe5230        1           24 DBDeadlockHang.DBWrapper1
00007fbb80fe5160        1           24 DBDeadlockHang.DBWrapper2
Total 2 objects
(lldb) dumpheap -mt 00007fbb80fe5230
         Address               MT     Size
00007fbb5c0291e0 00007fbb80fe5230       24

Statistics:
              MT    Count    TotalSize    Class Name
00007fbb80fe5230        1           24 DBDeadlockHang.DBWrapper1
Total 1 objects
(lldb) dumpheap -mt 00007fbb80fe5160
         Address               MT     Size
00007fbb5c0291f8 00007fbb80fe5160       24

Statistics:
              MT    Count    TotalSize       Class Name
00007fbb80fe5160        1           24       DBDeadlockHang.DBWrapper2
Total 1 objects
(lldb) dumpobj 00007fbb5c0291f8
Name:            DBDeadlockHang.DBWrapper2
MethodTable:     00007fbb80fe5160
```

```
EEClass:            00007fbb81c02100
Size:               24(0x18) bytes
File:
/home/parallels/Documents/DBDeadlockHang/bin/Debug/netcoreapp2.0/DBDeadlockHang.dll
Fields:
              MT     Field    Offset                          Type VT     Attr
Value Name
00007fbb8198c3f8     4000002        8                 System.String  0
instance 00007fbb5c029148 connectionString
(lldb) gcroot 00007fbb5c0291f8
Thread 1e18:
    00007FFD5754F760                                             00007FBB81C10971
DBDeadlockHang.Program.Main(System.String[])
[/Users/micl/Documents/Debugging-Book/code/DBDeadlockHang/Program.cs @ 21]
        rbp-40: 00007ffd5754f780
            ->00007FBB5C0291F8 DBDeadlockHang.DBWrapper2

    00007FFD5754F760                                             00007FBB81C10971
DBDeadlockHang.Program.Main(System.String[])
[/Users/micl/Documents/Debugging-Book/code/DBDeadlockHang/Program.cs @ 21]
        rbp-18: 00007ffd5754f7a8
            ->00007FBB5C0291F8 DBDeadlockHang.DBWrapper2

Thread 1e20:
    00007FBBF11B9540 [GCFrame: 00007fbbf11b9540]
        00007fbbf11b9530
            ->00007FBB5C0291F8 DBDeadlockHang.DBWrapper2

    00007FBBF11B9740 [HelperMethodFrame_1OBJ: 00007fbbf11b9740] System.Threading
.Monitor.ReliableEnter(System.Object, Boolean ByRef)
        00007fbbf11b96f0
            ->00007FBB5C0291F8 DBDeadlockHang.DBWrapper2

    00007FBBF11B9890                                             00007FBB81C10FB9
DBDeadlockHang.Program.ThreadProc()
[/Users/micl/Documents/Debugging-Book/code/DBDeadlockHang/Program.cs @ 35]
        rbp-18: 00007fbbf11b98a8
            ->00007FBB5C0291F8 DBDeadlockHang.DBWrapper2

HandleTable:
    00007FBBFC9C15F8 (pinned handle)
    ->00007FBB6BFFF038 System.Object[]
    ->00007FBB5C0291F8 DBDeadlockHang.DBWrapper2

Found 6 unique roots (run '!GCRoot -all' to see all roots).
(lldb) dumpobj 00007fbb5c0291f8
Name:               DBDeadlockHang.DBWrapper2
```

```
MethodTable:     00007fbb80fe5160
EEClass:         00007fbb81c02100
Size:            24(0x18) bytes
File:
/home/parallels/Documents/DBDeadlockHang/bin/Debug/netcoreapp2.0/DBDeadlockHang.dll
Fields:
              MT     Field    Offset                 Type VT      Attr
Value Name
00007fbb8198c3f8    4000002        8         System.String  0
instance 00007fbb5c029148 connectionString
(lldb) gcroot 00007fbb5c0291f8
Thread 1e18:
    00007FFD5754F760                                       00007FBB81C10971
DBDeadlockHang.Program.Main(System.String[])
[/Users/micl/Documents/Debugging-Book/code/DBDeadlockHang/Program.cs @ 21]
        rbp-40: 00007ffd5754f780
            ->  00007FBB5C0291F8 DBDeadlockHang.DBWrapper2

    00007FFD5754F760                                       00007FBB81C10971
DBDeadlockHang.Program.Main(System.String[])
[/Users/micl/Documents/Debugging-Book/code/DBDeadlockHang/Program.cs @ 21]
        rbp-18: 00007ffd5754f7a8
            ->  00007FBB5C0291F8 DBDeadlockHang.DBWrapper2

Thread 1e20:
    00007FBBF11B9540 [GCFrame: 00007fbbf11b9540]
        00007fbbf11b9530
            ->  00007FBB5C0291F8 DBDeadlockHang.DBWrapper2

     00007FBBF11B9740 [HelperMethodFrame_1OBJ: 00007fbbf11b9740] System.Threading
.Monitor.ReliableEnter(System.Object, Boolean ByRef)
        00007fbbf11b96f0
            ->  00007FBB5C0291F8 DBDeadlockHang.DBWrapper2

    00007FBBF11B9890                                       00007FBB81C10FB9
DBDeadlockHang.Program.ThreadProc()
[/Users/micl/Documents/Debugging-Book/code/DBDeadlockHang/Program.cs @ 35]
        rbp-18: 00007fbbf11b98a8
            ->  00007FBB5C0291F8 DBDeadlockHang.DBWrapper2
HandleTable:
    00007FBBFC9C15F8 (pinned handle)
    -> 00007FBB6BFFF038 System.Object[]
    -> 00007FBB5C0291F8 DBDeadlockHang.DBWrapper2

Found 6 unique roots (run '!GCRoot -all' to see all roots).
```

调试 7.16 查看 DBWrapper 类型

在以上调试中，可以看到 Program. cs 文件的 21 行和 35 行分别引用着 DBWrapper1 和 DBWrapper2 两个对象。

很遗憾，调试到这里，就必须要借助源代码文件来继续判断了。因为在 Linux 版本的 . NET Core 调试扩展上没有更多的调试命令可以帮助调试者进一步地进行调试。应用程序死锁的终极秘密就在内存转储文件中，但是目前没有好的工具来挖掘它，只能通过翻查 Program. cs 的代码来确定是否存在互锁的问题。

7.3.3 使用 Windbg 调试死锁

与 LLDB 一样，在正式调试之前，需要抓取内存转储文件。与 Linux 不同的是，Windows 原生名没有提供命令行下查看所有进程信息的命令。而且在 Windows 版本的 . NET Core SDK 中也不包含名为 createdump 的工具来帮助调试者抓取内存转储文件。

Windows 有更简便的方式，即使用任务管理器。任务管理器提供了可视化的界面来帮助 Windows 动态地监控应用程序进程和资源使用情况。在任务管理器的进程管理功能中就专门有一个功能来帮助用户抓取内存转储文件。具体用法是，在 Windows 任务栏上右击，弹出快捷菜单，然后选择任务管理器，打开任务管理器界面。在任务管理器的详细信息选项卡(Details)中找到要抓取内存转储文件的进程，右击，选择“创建内存转储文件”，如图 7.4所示。

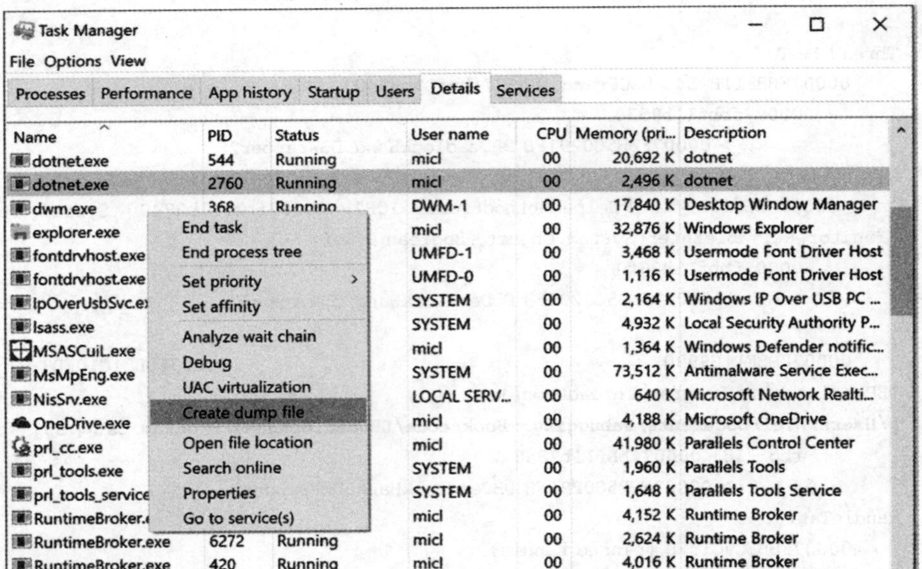

Task Manager

File Options View

Processes | Performance | App history | Startup | Users | Details | Services

Name	PID	Status	User name	CPU	Memory (pri...	Description
dotnet.exe	544	Running	micl	00	20,692 K	dotnet
dotnet.exe	2760	Running	micl	00	2,496 K	dotnet
dwm.exe	368	Running	DWM-1	00	17,840 K	Desktop Window Manager
explorer.exe			micl	00	32,876 K	Windows Explorer
fontdrvhost.exe			UMFD-1	00	3,468 K	Usermode Font Driver Host
fontdrvhost.exe			UMFD-0	00	1,116 K	Usermode Font Driver Host
IpOverUsbSvc.ex			SYSTEM	00	2,164 K	Windows IP Over USB PC ...
lsass.exe			SYSTEM	00	4,932 K	Local Security Authority P...
MSASCuiL.exe			micl	00	1,364 K	Windows Defender notific...
MsMpEng.exe			SYSTEM	00	73,512 K	Antimalware Service Exec...
NisSrv.exe			LOCAL SERV...	00	640 K	Microsoft Network Realti...
OneDrive.exe			micl	00	4,188 K	Microsoft OneDrive
prl_cc.exe			micl	00	41,980 K	Parallels Control Center
prl_tools.exe			SYSTEM	00	1,960 K	Parallels Tools
prl_tools_service			SYSTEM	00	1,648 K	Parallels Tools Service
RuntimeBroker.e			micl	00	4,152 K	Runtime Broker
RuntimeBroker.exe	6272	Running	micl	00	2,624 K	Runtime Broker
RuntimeBroker.exe	420	Running	micl	00	4,016 K	Runtime Broker
RuntimeBroker.exe	6548	Running	micl	00	572 K	Runtime Broker
RuntimeBroker.exe	1284	Running	micl	00	4,436 K	Runtime Broker
SearchIndexer.exe	6892	Running	SYSTEM	00	14,780 K	Microsoft Windows Searc...
SearchUI.exe	5896	Suspended	micl	00	111,424 K	Search and Cortana applic...
SecurityHealthService...	2996	Running	SYSTEM	00	3,016 K	Windows Security Health ...
services.exe	648	Running	SYSTEM	00	4,016 K	Services and Controller app

End task
End process tree
Set priority
Set affinity
Analyze wait chain
Debug
UAC virtualization
Create dump file
Open file location
Search online
Properties
Go to service(s)

图 7.4　Windows 下创建内存转储文件

内存转储文件会直接保存在当前用户的临时文件夹内，一般来说是 C:\Users\<用户账户名>\AppData\Local\Temp 目录。

内存转储文件生成之后，就可以利用 Windbg 进行调试了。启动 Windbg 以后，选择 File→Open Crash Dump 加载要调试的内存转储文件。

按照之前的经验，对于线程问题，在 Windows 平台进行调试时可以直接使用 dumpheap -thinlock 和 syncblk 对锁和同步控制块进行查询，如调试 7.17 所示。

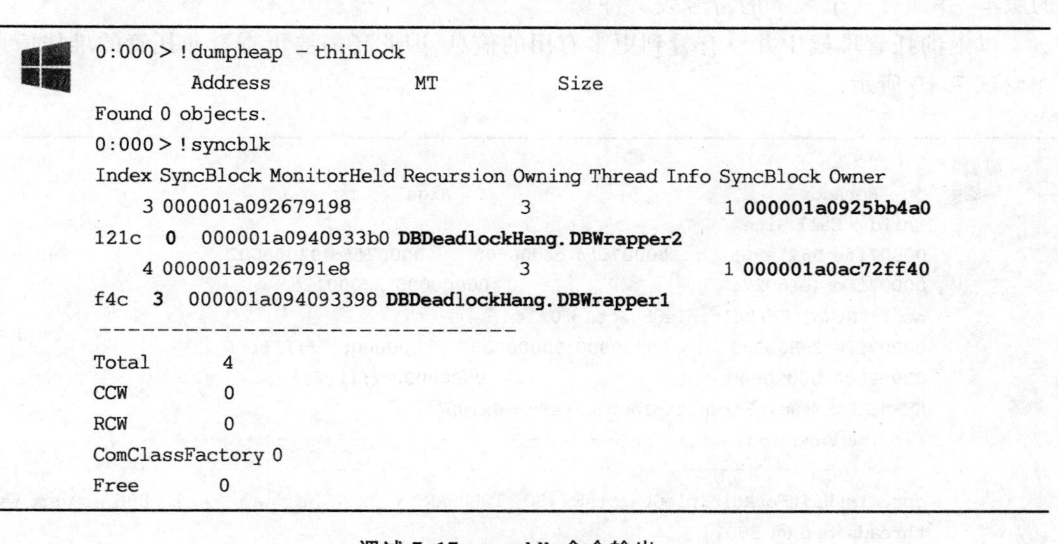

```
0:000 > !dumpheap - thinlock
         Address                MT            Size
Found 0 objects.
0:000 > !syncblk
Index SyncBlock MonitorHeld Recursion Owning Thread Info SyncBlock Owner
    3 000001a092679198            3                     1 000001a0925bb4a0
121c  0   000001a0940933b0 DBDeadlockHang.DBWrapper2
    4 000001a0926791e8            3                     1 000001a0ac72ff40
f4c   3   000001a094093398 DBDeadlockHang.DBWrapper1
-----------------------------
Total         4
CCW           0
RCW           0
ComClassFactory 0
Free          0
```

调试 7.17　syncblk 命令输出

通过 syncblk 命令可以看到确实有两个线程，即 0 号线程和 3 号线程正拥有同步控制块。但是这并不意味着这两个线程现在处于死锁状态。需要进一步地验证两个线程现在的状态以便证明二者之间的关系。

首先来看 0 号线程，通过 clrstack 命令查看调用堆栈信息，如调试 7.18 所示。

```
0:000 > ~0s
ntdll!NtWaitForMultipleObjects + 0x14:
00007ffe`59250994 c3                   ret
0:000 > !clrstack
OS Thread Id: 0x121c (0)
        Child SP                IP Call Site
000000588edfdbf8 00007ffe59250994 [GCFrame: 000000588edfdbf8]
000000588edfdd30 00007ffe59250994 [GCFrame: 000000588edfdd30]
000000588edfdd68 00007ffe59250994 [HelperMethodFrame_1OBJ: 000000588edfdd68]
System.Threading.Monitor.Enter(System.Object)
000000588edfde80                                            00007ffdcee6096e
DBDeadlockHang.Program.Main(System.String[])
[C:\DBDeadlockHang\Program.cs @ 21]
```

```
000000588edfe148 00007ffe2e9535d3 [GCFrame: 000000588edfe148]
000000588edfe628 00007ffe2e9535d3 [GCFrame: 000000588edfe628]
```

调试 7.18　0 号线程堆栈

在这个堆栈信息中,并不是每一行调用都对应到了.NET Core 的函数名,但是这并不影响对目前应用程序的调试。如果非要将函数名一一对应,需要手动编译.NET Core 对应的版本,并加载这个版本的符号表文件。

以上的托管堆栈中并没有看到更多有用的信息,因此还需要再查看非托管的堆栈信息,如调试 7.19 所示。

```
0:000 > kb
 #   RetAddr                          : Args      to
Child : Call Site
00007ffe`5611a966  :  00007ffd`ced06c00    00007ffd`02000002
00007ffe`4ee6027c                          00000000`2d00012c              :
ntdll!NtWaitForMultipleObjects + 0x14
00007ffe`2e86d9c8  :  00000000`00000000    00000000`ffffffff
00000000`00000000                          00000000`ffffffff              :
KERNELBASE!WaitForMultipleObjectsEx + 0x106
(Inline Function)  :  --------`--------    --------`--------
--------`--------                  --------`--------                      :
coreclr!WaitForMultipleObjectsEx_SO_TOLERANT + 0x17 [e:\a\_work\886\s\src\vm\
threads.cpp @ 3801]
(Inline Function)  :  --------`--------    --------`--------
--------`--------                  --------`--------                     :
coreclr!Thread::DoAppropriateAptStateWait + 0x37 [e:\a\_work\886\s\src\vm\threads
.cpp @ 3835]
00007ffe`2e86db61  :  000085cf`00000001    00007ffe`00000001
00000000`00000001                          00000058`00000000              :
coreclr!Thread::DoAppropriateWaitWorker + 0x1cc [e:\a\_work\886\s\src\vm\threads.cpp
@ 3972]
00007ffe`2e9268e3  :  000001a0`926791e8 00007ffe`00000001
00000058`8edfdba0                          00007ffe`2e894a5b              :
coreclr!Thread::DoAppropriateWait + 0x7d
[e:\a\_work\886\s\src\vm\threads.cpp @ 3646]
00007ffe`2e8ac852  :  000001a0`926791e8    00000058`8edfdf00
00000000`00000000                        000001a0`925bb4a0              :
coreclr!CLREventBase::WaitEx + 0x7f
[e:\a\_work\886\s\src\vm\synch.cpp @ 479]
00007ffe`2e8aca12  :  000001a0`926791e8    000001a0`926791e8
ffffffff`00000000                          000001a0`94093398              :
coreclr!AwareLock::EnterEpilogHelper + 0xca
[e:\a\_work\886\s\src\vm\syncblk.cpp @ 3111]
00007ffe`2e948f15  :  000001a0`925bb4a0    00007ffe`2e954490
```

```
000001a0`94093200                    000001a0`926791e8              :
coreclr!AwareLock::EnterEpilog+0x62
[e:\a\_work\886\s\src\vm\syncblk.cpp @ 3056]
(Inline Function)  :  --------`--------  --------`--------
--------`--------                  --------`--------                :
coreclr!SyncBlock::EnterMonitor+0x8
[e:\a\_work\886\s\src\vm\syncblk.h @ 768]
(Inline Function) : --------`--------   --------`--------
--------`--------                  --------`--------                :
coreclr!ObjHeader::EnterObjMonitor+0xd
[e:\a\_work\886\s\src\vm\syncblk.cpp @ 1894]
(Inline Function) : --------`--------   --------`--------
--------`--------                  --------`--------                :
coreclr!Object::EnterObjMonitor+0x16
[e:\a\_work\886\s\src\vm\object.h @ 476]
00007ffd`cee6096e  :  00000000`000007d0   00000000`00000000
00000058`8edfe018                00000058`8edfdc70                  :
coreclr!JITutil_MonEnterWorker+0xe5
[e:\a\_work\886\s\src\vm\jithelpers.cpp @ 4947]
00007ffe`2e9535d3  :  000001a0`940932c0   00000058`8edfe180
00007ffe`2e84f740 00000058`8edfe040 : 0x00007ffd`cee6096e
00007ffe`2e87d9bf  :  00000058`0000001d   00000058`8edfe288
00000058`8edfe288                    00000000`00000000              :
coreclr!CallDescrWorkerInternal+0x83
[E:\A\_work\886\s\src\vm\amd64\CallDescrWorkerAMD64.asm @ 101]
(Inline Function)  :  --------`--------  --------`--------
--------`--------                  --------`--------                :
coreclr!CallDescrWorkerWithHandler+0x1a
[e:\a\_work\886\s\src\vm\callhelpers.cpp @ 78]
00007ffe`2e943ef7  :  00000000`00000005   000001a0`9256284a
00007ffd`ced05d10                    00000000`00000000              :
coreclr!MethodDescCallSite::CallTargetWorker+0x17b
[e:\a\_work\886\s\src\vm\callhelpers.cpp @ 653]
(Inline Function)  :  --------`--------  --------`--------
--------`--------                --------`--------                  :
coreclr!MethodDescCallSite::Call+0x43
[e:\a\_work\886\s\src\vm\callhelpers.h @ 433]
00007ffe`2e83b195  :  00000000`00000001   00000000`00000000
000001a0`940932c0  000001a0`940932c0  :  coreclr!RunMain+0x17f
[e:\a\_work\886\s\src\vm\assembly.cpp @ 1849]
00007ffe`2e8dba29  :  000001a0`00000000   00000058`8edfe6f0
000001a0`925b0ca0                    00000000`00000000              :
coreclr!Assembly::ExecuteMainMethod+0xb5  [e:\a\_work\886\s\src\vm\assembly.cpp @
1944]
00007ffe`2e8dd9ce  :  00007ffe`2e8db8e0  00000058`8edfe6f0
00000058`8edfe76c                    000001a0`9267cf10              :
coreclr!CorHost2::ExecuteAssembly+0x149
```

```
[e:\a\_work\886\s\src\vm\corhost.cpp @ 502]
00007ffe`4fe7e8b9  :  00000000`00000000      00000000`00000000
00000058`8edfee20                            00000058`8edfee20        :
coreclr!coreclr_execute_assembly + 0xde   [e:\a\_work\886\s\src\dlls\mscoree\
unixinterface.cpp @ 407]
00007ffe`4fe7ee44  :  00000058`8edfee20      00000000`00000000
00007ffe`4fe7ee70  00000058`8edff1f8  :  hostpolicy!run + 0xdb9
00007ffe`4ff09b05  :  00007ffe`556954b8      00007ffe`00000000
00000058`8edfefd9                            00000058`8edff7b0        :
hostpolicy!corehost_main + 0x164
00007ffe`4ff0f42b  :  00000058`8edff490      00000000`00000001
00000058`8edff140                            00000058`8edff7b0        :
hostfxr!execute_app + 0x1f5
00007ffe`4ff0e819  :  00000058`8edff720      000001a0`9258e3e8
000001a0`9258e3e0                            00000000`00000001        :
hostfxr!fx_muxer_t::read_config_and_execute + 0x94b
00007ffe`4ff0cc8d  :  00007ffe`4ff25b58      00000000`00020000
00000000`00000007                            00007ffe`562f3938        :
hostfxr!fx_muxer_t::parse_args_and_execute + 0x409
00007ff7`51629abc  :  00007ffe`4ff09c70      00007ffe`4ff09c70
00007ffe`4ff09c70                            000001a0`92583460        :
hostfxr!fx_muxer_t::execute + 0x22d
00007ff7`5162e099  :  00000000`00000000      00000000`00000000
00007ffe`556965d8 00000000`00000000 : dotnet!wmain + 0x46c
(Inline Function) : --------`--------        --------`--------
--------`--------                            --------`--------        :
dotnet!invoke_main + 0x22 [f:\dd\vctools\crt\vcstartup\src\startup\exe_common.inl @
79]
00007ffe`56b11fe4  :  00000000`00000000      00000000`00000000
00000000`00000000                            00000000`00000000        :
dotnet!__scrt_common_main_seh + 0x11d
[f:\dd\vctools\crt\vcstartup\src\startup\exe_common.inl @ 253]
00007ffe`5921ef91  :  00000000`00000000      00000000`00000000
00000000`00000000                            00000000`00000000        :
kernel32!BaseThreadInitThunk + 0x14
00000000`00000000  :  00000000`00000000      00000000`00000000
00000000`00000000                            00000000`00000000        :
ntdll!RtlUserThreadStart + 0x21
```

调试 7.19　查看非托管线程

在非托管堆栈上，可以看到 coreclr! AwareLock::EnterEpilog 函数的第一个参数的参数值是 000001a0`925bb4a0。这与 syncblk 报告的 0 号线程拥有的同步控制块是相一致的。但是，调试到这里仍然没有更多的进展。

既然如此，就必须使用一些其他的辅助工具来帮助调试了。这次，要使用的工具是

SOSEX。SOSEX是由Steve's Techspot个人开发的一个针对sos功能不足的扩展插件。这个扩展插件中有专门进行死锁检测的命令dlk。可从http://www.stevestechspot.com/SOSEXUpdatedV11Available.aspx下载对应CPU架构的SOSEX插件并将它放置到Windbg所在的文件夹内,然后执行以下命令,如调试7.20所示。

```
0:000>.load sosex
This dump has no SOSEX heap index.
The heap index makes searching for references and roots much faster.
To create a heap index, run !bhi
0:000>!dlk
Examining SyncBlocks...
Scanning for ReaderWriterLock(Slim) instances...
Scanning for holders of ReaderWriterLock locks...
Scanning for holders of ReaderWriterLockSlim locks...
Examining CriticalSections...
Scanning for threads waiting on SyncBlocks...
 *** WARNING: Unable to verify checksum for DBDeadlockHang.dll
 *** ERROR: Module load completed but symbols could not be loaded for DBDeadlockHang.dll
Scanning for threads waiting on ReaderWriterLock locks...
Scanning for threads waiting on ReaderWriterLocksSlim locks...
Scanning for threads waiting on CriticalSections...
 * DEADLOCK DETECTED *
CLR thread 0x3 holds the lock on SyncBlock 000002333314a358 OBJ: 0000023334c73398
[DBDeadlockHang.DBWrapper1]
...and is waiting for the lock on SyncBlock 000002333314a3a8 OBJ: 0000023334c733b0
[DBDeadlockHang.DBWrapper2]
CLR thread 0x1 holds the lock on SyncBlock 000002333314a3a8 OBJ: 0000023334c733b0
[DBDeadlockHang.DBWrapper2]
...and is waiting for the lock on SyncBlock 000002333314a358 OBJ: 0000023334c73398
[DBDeadlockHang.DBWrapper1]
CLR      Thread      0x3      is      waiting      at
DBDeadlockHang.Program.ThreadProc()(+0x44 IL,+0xaa Native)
CLR      Thread      0x1      is      waiting      at
DBDeadlockHang.Program.Main(System.String[])(+0x79 IL,+0x17e Native)


1 deadlock detected.
```

调试7.20 SOSEX检测死锁

在以上命令中,先通过.load sosex命令加载了SOSEX调试扩展到Windbg。然后通过!dlk命令(DeadLock)来审查.NET下各种同步对象是否有死锁的情况。dlk命令分别搜索了ReaderWriterLock、ReaderWriterLockSlim、CriticalSections以及同步控制块等几个类型的对象,然后定位了这个死锁的问题。

7.3.4 死锁调试总结

在 Linux 操作系统上使用.NET Core 调试扩展,必须配合源代码的审查才能进行死锁问题的定位。这是因为在 Linux 下.NET Core 调试扩展中一些 Windows 本已支持的调试命令还没有实现。

在 Windows 平台下,SOS 扩展调试死锁问题并不是十分的直观,需要分析寄存器地址,才能在 ReliableEnter 函数的堆栈中分析到锁住的是内存中哪一个对象。因此,建议使用更自动化的调试扩展,如 SOSEX 和 Psscor4。但是这些调试扩展也主要是针对.NET Core 中提供的托管对象,而非操作系统原生层面的线程同步对象。

在实际调试过程中,往往是使用最便捷的工具来达到调试的目的,而不必纠结于到底是否可以不借助其他工具而完成调试。

本章主要介绍了线程的一些基础知识以及多线程对有限资源争用场景和多线程死锁场景的调试方法。

在 https://github.com/micli/netcoredebugging/tree/master/HighCPU 路径下,还有一个可以引起 High CPU 的应用程序,即运行后 CPU 占用率趋近于 100%。有兴趣的读者可以根据本章介绍的知识自行调试。

第 8 章 async 和 await

早在.NET Framework 4.5 的时代，就增加了 async 和 await 一组关键字，用来支持在行级别的代码中更加灵活简便地使用多线程技术。本章主要讨论 async 和 await 关键字的最佳实践以及具体的调试方法。

8.1 基于任务的异步编程模式

在.NET Core 中一共支持三种异步编程模式，分别是：异步编程模型(APM)、基于事件的异步模式(EAP)和基于任务的异步模式(TAP)。APM 模式是.NET 自诞生起最先支持的模式，async 和 await 关键字则主要是针对 TAP 的编程模式而诞生的。

以下通过一个简单的例子来解释这三种异步编程模式的差别。假设现在有一个长耗时的操作，例如，现在有一个支持从磁盘上一次性读取 2GB 以上的文件内容的函数 ReadHugeFile()，它的声明如代码 8.1 所示。

```
long ReadHugeFile(byte [] buffer, long offset, long count);
```

代码 8.1　ReadHugeFile 声明

由于要在磁盘上一次性读取 2GB 以上的数据，这个函数的执行时间就会比较长。直接在主线程中执行这个函数会导致应用程序长时间没有响应。于是，就有了支持异步编程模型的版本，如代码 8.2 所示。

```
IAsyncResult BeginReadHugeFile(
    byte [] buffer, long offset, long count,
    AsyncCallback callback, object state);
long EndReadHugeFile(IAsyncResult asyncResult);
```

代码 8.2　ReadHugeFile 的 APM 异步模式声明

异步编程模型版本的 ReadHugeFile 函数被拆分为两部分：BeginReadHugeFile 函数

和 EndReadHugeFile 函数。当调用 BeginReadHugeFile 函数时，除了必要的函数参数，还要给出一个线程执行完成的回调函数委托。启动一个线程进行文件的读取操作，同时函数会返回一个支持 IAsyncResult 接口的对象。当线程执行结束时，会自动调用回调函数委托对象包含的函数，用来处理线程结束后的工作。

线程回调函数在被调用之后，需要回传之前的 IAsyncResult 接口对象，结束本次异步操作。

以上是一个完整的异步编程模型 APM 的使用方法。如果改用基于事件的异步模式 EAP，上面的函数会如代码 8.3 所示。

```
void ReadHugeFileAsync(
      byte [] buffer, long offset, long count);
event ReadHugeFileCompletedEventHandler ReadHugeFileCompleted;
```

代码 8.3 ReadHugeFile EAP 异步模式声明

在 ReadHugeFile 名称后面加上 Async 后缀，表示这是一个异步方法，虽然没有强制要求，但是这是.NET 约定俗成的书写习惯。

ReadHugeFileAsync 被调用之后会启动一个线程完成长耗时的读取文件操作，当操作结束时，会调用 ReadHugeFileComplete 事件指向的委托函数，从而通知调用的线程(未必是主线程)长耗时工作已经结束。

第二种方法在书写方式上以及调用方法上已经比第一种简洁和简便了，开发者使用起来更加方便。如果改用基于任务的 TAP 模型，那将如代码 8.4 所示。

```
Task < long > ReadHugeFileAsync(
        byte[] buffer, long offset, long count);
```

代码 8.4 ReadHugeFile TAP 模式声明

在 TAP 模式中，整个异步方法的声明与之前 EAP 的方式类似，只是返回值从 void 变成了 Task < long >的形式。以此作为一个异步任务的返回。

8.2 如何写好一个 TAP 异步方法

基于任务的异步任务模式，简写为 TAP(Task-based Asynchronous Pattern)，主要是利用 System. Threading. Tasks 命名空间下的 Task 类和 Task < TResult >类来表示异步操作的任务对象，这是一种.NET Core 中推荐的编程模式。

TAP 使用单个方法来表示异步操作的启动和完成，通常这个方法都是以 Async 作为后缀。这与之前需要 Begin 和 End 方法的异步编程模型(APM)模式形成鲜明对比。与基于事件的异步模式(EAP)相比，后者需要一个具有 Async 后缀的方法，并且还需要一个或更多事件，事件处理程序委托类型和 EventArg 派生类型。

8.2.1 函数的命名和声明

TAP 模式下的函数声明方式有一些约定俗成的要求。异步方法需要在函数名称之后加上异步后缀 Async，例如，获取操作的 GetAsync。如果要声明一个名称中已经具有 Async 后缀的方法，请在方法名称后面加上 TaskAsync 后缀。例如，如果该类已经有一个 GetAsync 方法，则使用名称 GetTaskAsync。TAP 模式的异步通常会返回一个 System. Threading. Tasks. Task 或一个 System. Threading. Tasks. Task < TResult >类型的对象。有时程序员会看到 Task < void >的声明，这是很正常的，泛型类 Task <>包含什么类型的对象，由函数的功能决定。

TAP 模式下的异步方法的参数，应该与其同步方法的参数相互匹配，并且异步方法声明和同步函数声明中的参数顺序应该一致。但是，out 和 ref 这两个类型的参数是免除这个规则的，并且应该完全避免这类参数在 TAP 异步方法声明中出现。任何通过 out 或 ref 参数返回的数据都应作为 Task < TResult >返回类型的一部分，即 TResult 类型的成员返回。如果觉得声明新的类型不方便，可考虑使用元组来同时返回多个类型的值。

8.2.2 异步方法中的代码

在真正的基于 TAP 的异步方法中，需要尽量少执行同步操作，以便尽快地给调用端返回 Task 对象。但是必要的同步操作也是必需的，如验证参数和启动异步操作。同步操作应该保持在最低限度，以便 TAP 模式的异步方法可以尽快地返回调用端。要求异步方法被调用后就快速返回的原因包括以下两个方面：

第一，可以从用户界面(UI)线程调用异步方法，任何长时间运行的同步工作都可能会损害应用程序的响应性。

第二，在很多场景下，需要多个异步方法可能同时启动。因此，异步方法的同步执行的部分中，任何长时间运行的代码都可能会延迟其他异步方法的启动，从而降低了并发性的优势。

在某些情况下，完成操作所需的工作量少于异步启动操作所需的工作量。例如，从已经缓存在内存中的数据可以满足读操作的要求，读取速度很快的情况。在这种情况下，操作可以同步完成，并且可以返回已经完成的任务。

8.2.3 函数中的异常处理

无论是编写同步函数还是异步方法，对于异常的处理都是一个无法回避的问题。TAP 模式的异步方法抛出异常是有一定规范的。

异步方法可以抛出异常，但仅限于在出现使用错误时才从异步方法调用中抛出异常。而在生产代码中，不应出现调用错误。例如，如果将 null 引用作为方法的一个参数传递，将导致错误状态(通常会抛出 ArgumentNullException 类型的异常)，那么调用端可以通过修改调用代码以确保永远不会传递 null 引用给异步方法。对于在运行异步方法产生的其他异常，应该把异常信息通过 Task 对象进行返回。通常，任务最多包含一个异常。但是，如果 Task 对象含有多个异步子调用(例如 WhenAll)，那么 Task 对象有可能含有多个异常对象,这种情况不太常见。

8.2.4 异步方法执行过程中的终止

异步方法在没有正常执行结束之前,有条件的异步方法应该允许调用者中途终止异步方法的执行。例如用户直接关闭应用程序时,调用端应该可以通过某种方式终止正在运行的异步方法的执行。如果异步方法允许取消,则会实现一个接受取消令牌(CancellationToken 实例)的异步方法的重载。

异步方法中的异步执行代码通过监视这个取消令牌来确定当前的异步操作是否被取消。如果收到取消请求,异步代码需要遵守该请求并取消当前的异步操作。如果取消请求导致工作提前结束,则异步方法返回"已取消"状态结束的任务;Task 对象中没有可用的结果,也不会抛出异常。取消状态被认为是一个任务的最终(完成)状态,以及 Faulted 和 RanToCompletion 状态。因此,如果任务处于"已取消"状态,则其 IsCompleted 属性返回 true。任何通过使用语言特性的异步等待取消任务的代码将会继续运行,但是会收到 OperationCanceledException 异常。通过诸如 Wait 和 WaitAll 等方法同步阻塞的代码也会继续运行,并且会抛出异常。

参照上面的例子,一个支持执行过程中终止的异步方法声明如代码 8.5 所示。

```
Task < long > ReadHugeFileAsync (byte [ ] buffer, int offset, int count, CancellationToken
cancellationToken);
```

代码 8.5 ReadHugeFile 带有取消功能的异步声明

8.2.5 异步任务执行进度的通知

对于长耗时的操作,用户一般需要了解到异步方法的执行进程,而不是创建了异步任务之后放心地等待任务的结束。例如,用户经常想了解异步方法完成的比例(百分比)用于显示任务的执行进程。因此,需要长耗时的异步任务给出相应的方法来支持执行过程消息的通知。

为此,.NET Core 定义了一个名为 IProgress<in T>的接口来实现这个机制。这个泛型接口中只有一个泛型的方法,void Report (T value)。当调用端需要获取到异步任务执行进程的通知时,需要创建一个实现了 IProgress<in T>接口的对象。当调用这个异步方法时,需要将这个对象传入到异步方法中。异步任务开始执行后会在适时的时间调用 IProgress<in T>接口,来通知调用端当前异步任务的执行进度。一个支持了异步任务执行进度通知的异步方法声明应该如代码 8.6 所示。

```
Task < long > ReadHugeFileAsync(byte[ ] buffer, int offset, int count, IProgress < long > progress);
```

代码 8.6 ReadHugeFile 带有进度功能的异步声明

以上是对TAP异步方法的一些简要总结，目的是给读者一个异步方法的初步印象。

8.3 async/await 是什么

实际上async和await是.NET Core给开发者量身定制的基于TAP多线程模式的语法糖。当一个异步执行的函数被async关键字修饰时，.NET Core的编译器Roslyn会自动生成线程调度的相关代码，而无须开发人员编写有关代码。

当一个异步方法需要以同步的方式执行时，await关键字可以帮助开发者完成在调用线程和异步方法线程之间的同步操作，确保在异步方法调用完成之后，再执行调用线程中的代码。

使用这两个关键字之后原本一组需要开发人员自己编写的线程创建、调度和同步的代码就被async/await两个关键词静悄悄地化解了。使用async/await关键字完成多线程的同步，会使得代码变得非常规整，不会被繁复的线程代码和同步对象降低主逻辑的可读性。既简化了开发人员的工作量，又可以帮助开发人员更加专注于程序的实现逻辑，同时提升了应用程序的响应和执行效率。

下面介绍async/await最佳实践。

使用async/await关键字是有一些最佳实践的，遵循最佳实践编码可以有效降低异步方法执行过程中的异常和错误，降低应用程序的调试难度。这些黄金规则既可以用来指导开发人员编写更加标准的基于TAP模式的异步代码，也可以被调试者用来审查现有代码，找出应用程序中出现的问题。

最佳实践一　异步方法要尽量返回 Task 对象作为结果

TAP模式的异步方法有三种可能的返回类型：Task，Task<T>和void。但是异步方法的默认返回类型只是Task和Task<T>。从同步代码转换为异步代码时，任何返回类型T的方法都将成为返回Task<T>的异步方法，任何返回void的方法都将成为返回Task的异步方法。代码8.7演示了一个返回void类型的同步方法如何改为异步方法。

```
// 同步方法
void MyMethod()
{
    Thread.Sleep(1000);
}
// 等价的异步方法
async Task MyMethodAsync()
{
    await Task.Delay(1000);
}
```

代码8.7　同步方法和异步方法比较

如果让一个异步方法返回void类型而不是Task或Task<T>类型，那么对于调用这个异步函数那一端代码来说，很难确定这个异步函数何时执行结束了，调用端无法收到 Task 类型的返回对象。

虽然返回 void 类型的异步方法可以通过传递一个 SynchronizationContext 类型的对象来标明当前异步函数执行的结果，但是自定义一个 SynchronizationContext 类型的对象并不是一个容易的事情，并且代码会变得非常复杂，失去了 async 和 await 的意义。

最佳实践二　保持代码调用一路异步

当开发者将同步代码转换为异步代码时，会发现异步代码被其他异步代码调用是一件非常自然的事情。这是异步编程的传播行为，有人称之为“传染性”。异步代码往往会驱动周围的代码也是异步的。这种行为在所有类型的异步编程中都是固有的，而不仅仅是 async/await 关键字。

异步代码总是被异步代码调用，意味着不要将同步代码和异步代码相混淆。特别是通过调用 Task. Wait 或 Task. Result 阻断代码的异步执行是非常莽撞的编程行为。对于刚刚接触 TAP 模式异步编程的开发者来说，这是一个特别常见的问题。如果只把应用程序的一部分转换为异步的模式，并最终将全部的异步代码封装在一个同步的函数中，这样虽然看起来应用程序还是同步的，只是部分内部功能是异步执行的。这样做极有可能遭遇应用程序线程死锁的情况。因此建议将所有同步的函数代码都用 async 修饰改为异步的实现，避免发生死锁。

代码 8.8 就是一段典型的可能导致应用程序线程死锁的情况。

```
public static class DeadlockDemo
{
  private static async Task DelayAsync()
  {
    await Task.Delay(1000);
  }

  public static void Test()
  {
    // Start the delay.
    var delayTask = DelayAsync();
    // Wait for the delay to complete.
    delayTask.Wait();
  }
}
```

代码 8.8　死锁代码样例

上面代码中导致死锁的根本原因是等待处理上下文的方式有问题。默认情况下，当一个没有完成的异步任务在被等待时，当前异步方法的上下文对象会被切换到等待状态让出 CPU 资源直到函数执行完成。这个上下文对象是当前异步方法的 SynchronizationContext

对象。图形界面程序和 ASP.NET 应用程序有一个 SynchronizationContext 对象，由于这个对象的存在，一次只允许运行一个代码块。等异步函数执行完成时，会返回异步函数自己的 SynchronizationContext 对象给调用端。但是，当前线程中已经有一个 SynchronizationContext 对象了，于是就形成了调用异步函数的线程在等待异步函数返回，而异步函数因为调用端线程中已经有一个 SynchronizationContext 对象了，在等待那个对象从线程中切换出去，于是形成了死锁。

8.4 async/await 调试

TAP 异步方法的实现与之前接触到的普通线程是非常不一样的。因此非常有必要了解一下如何开展对 TAP 异步方法的代码调试。

8.4.1 使用 LLDB 在 Linux 上调试异步方法

下面将通过一个典型的异步方法的例子——HelloWorld 工程，来开展对 async 关键字修饰的异步方法的调试。源代码非常简单，含有两个异步方法，一个是 doWork，另一个是 HelloWorld。源代码如代码 8.9 所示。

```
class Program
{

    public static async Task HelloWorld(int timeout)
    {
        await Task.Delay(timeout);
        Console.WriteLine("Hello World");
    }

    private static async void doWork()
    {
        Console.WriteLine("Being Task");
        await HelloWorld(5000);
        Console.WriteLine("Done");
    }
    static void Main(string[] args)
    {
        Console.WriteLine("Press Enter to Start");
        Console.ReadLine();
        doWork();
        Console.ReadLine();
    }
}
```

代码 8.9　异步 HelloWorld

Main 函数会首先调用第一个异步方法 doWork，然后 doWork 再调用第二个异步方法 HelloWorld。Main 函数中的 ReadLine 函数的调用只是为了方便 LLDB 附加进程和调试。下面开始正式的调试过程。

第一步，启动一个命令行终端，启动 HelloWorld 应用程序，如命令 8.1 所示。

```
$ cd ~/Documents/HelloWorld
$ dotnet run
```

命令 8.1　启动 HelloWorld 程序

第二步，再启动一个命令行终端，查询刚才启动的 HelloWorld 程序的进程 ID，再通过指定 LLDB 调试器的启动参数的方式，让 LLDB 附加到进程，如命令 8.2 所示。

```
$ ps -all
F S   UID    PID    PPID   C    PRI    NI    ADDR  SZ  WCHAN    TTY     TIME
CMD
0 S   1000   14693  14684  15    80     0     - 798362 -         pts/1   00:00:00
dotnet
0 S   1000   14773  14693  0     80     0     - 636716 -         pts/1   00:00:00
dotnet
0 R   1000   14782  12440  0     80     0     - 2672 -           pts/0   00:00:00
ps
$ lldb -p 14773
(lldb) plugin load
~/dotnet/coreclr/bin/Product/Linux.x64.Debug/libsosplugin.so
```

命令 8.2　查找进程 ID 并用 LLDB 附加进程

由于只运行了一个 dotnet 应用程序，所以到底是哪一个进程真正运行了 HelloWorld 可以通过父进程 ID 的方式判断出来。真正运行 HelloWorld 进程的 ID 是 14773。

第三步，查看一下当前进程中有几个.NET 线程，都在做什么，如调试 8.1 所示。

```
(lldb) clrthreads
ThreadCount:        2
UnstartedThread:    0
BackgroundThread:   1
PendingThread:      0
DeadThread:         0
Hosted Runtime:     no
Lock
         ID   OSID ThreadOBJ          State   GC   Mode     GC   Alloc
Context               Domain                Count Apt Exception
   1     1   39b5  0000000001A70A40      20020     Preemptive
```

```
00007FD198034F40:00007FD198035FD0 0000000001A59080 1 Ukn
  7    2  39bc  0000000001A93780        21220     Preemptive
0000000000000000:0000000000000000 0000000001A59080 0     Ukn
(Finalizer)
(lldb) t 1
*     thread     #1:     tid     =      14773,     0x00007fd239e28a9d
libpthread.so.0`__libc_read + 45, name = 'dotnet', stop reason
= signal SIGSTOP
    frame #0: 0x00007fd239e28a9d libpthread.so.0`__libc_read + 45
libpthread.so.0`__libc_read:
-> 0x7fd239e28a9d <+45>: movq (%rsp), %rdi
    0x7fd239e28aa1 <+49>: movq      %rax, %rdx
    0x7fd239e28aa4 <+52>: callq 0x7fd239e28710;
__pthread_disable_asynccancel
    0x7fd239e28aa9 <+57>: movq      %rdx, %rax
(lldb) clrstack
OS Thread Id: 0x39b5 (1)
        Child SP           IP Call Site
00007FFC2000DDA8       00007fd239e28a9d                              [InlinedCallFrame:
00007ffc2000dda8] Interop+Sys.ReadStdin(Byte*, Int32)
00007FFC2000DDA8       00007fd1bf633fb8                              [InlinedCallFrame:
00007ffc2000dda8] Interop+Sys.ReadStdin(Byte*, Int32)
00007FFC2000DDA0                                                     00007FD1BF633FB8
DomainBoundILStubClass.IL_STUB_PInvoke(Byte*, Int32)
00007FFC2000DE20                                                     00007FD1BF6B3FE0
System.IO.StdInReader.ReadKey(Boolean ByRef)
00007FFC2000E2D0                                                     00007FD1BF6B3620
System.IO.StdInReader.ReadLine(Boolean)
00007FFC2000E350                                                     00007FD1BF6B35D0
System.IO.StdInReader.ReadLine()
00007FFC2000E360                                                     00007FD1BF6B1697
System.IO.SyncTextReader.ReadLine()
00007FFC2000E390                                                     00007FD1BF6A665A
System.Console.ReadLine()
00007FFC2000E3A0                                                     00007FD1BF6304C5
HelloWorld.Program.Main(System.String[]) [/home/parallels/Documents/HelloWorld/
Program.cs @ 24]
00007FFC2000E6A0                 00007fd238814067                        [ GCFrame:
00007ffc2000e6a0]
00007FFC2000EAB0                 00007fd238814067                        [ GCFrame:
00007ffc2000eab0]
(lldb) continue
Process 14773 resuming
Process 14773 stopped
```

调试 8.1 线程概况

通过 clrthreads 命令查看当前应用程序中的.NET 线程，发现目前有两个.NET 线程：1 号线程和 7 号线程。7 号线程已经被 clrthreads 命令注释为 Finalizer 线程，这是.NET Core CLR 创建的线程，第 9 章将介绍该线程的作用。

然后通过查看 1 号线程的托管堆栈，发现这个线程实际上是运行了 Main 函数的主线程。

接着，通过 continue 命令，将 LLDB 调试器从调试模式切换回应用程序运行模式。待应用程序输出了“Begin Task”字符串之后，就在 LLDB 调试器窗口按下 Ctrl+C 组合键，切换回调试模式。此时，HelloWorld 应用程序应该运行在 HelloWorld 函数中的 await Task.Delay(timeout);一行上。

再查看一下.NET 线程的情况，看看.NET 线程的变化，如调试 8.2 所示。

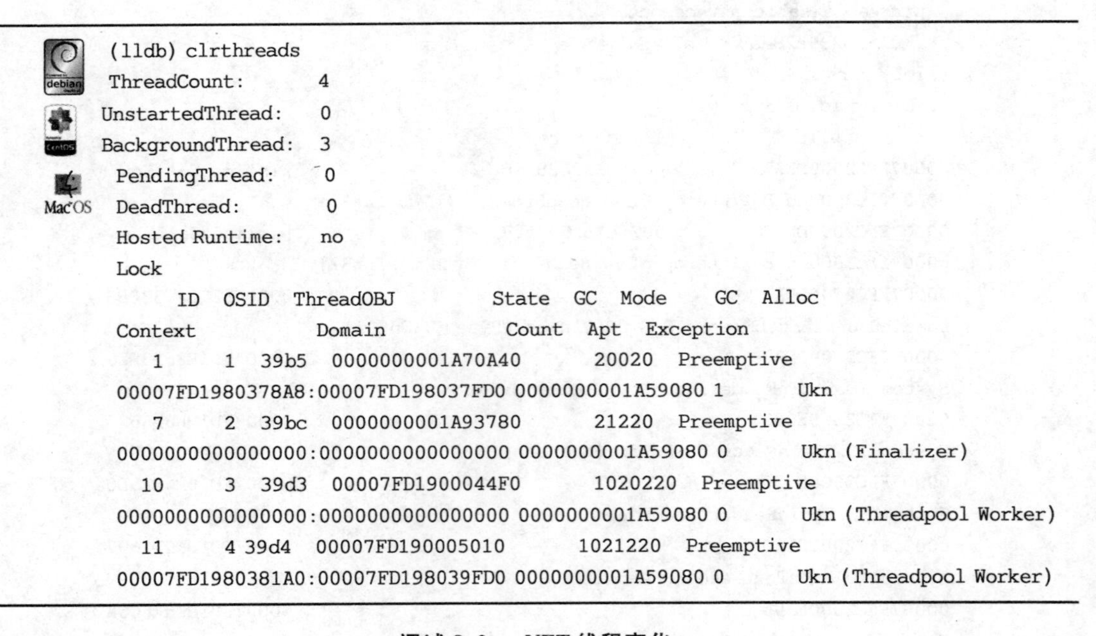

```
(lldb) clrthreads
ThreadCount:        4
UnstartedThread:    0
BackgroundThread:   3
PendingThread:      0
DeadThread:         0
Hosted Runtime:     no
Lock
    ID  OSID  ThreadOBJ          State   GC  Mode     GC  Alloc
Context             Domain                Count  Apt  Exception
   1     1  39b5  0000000001A70A40        20020  Preemptive
00007FD1980378A8:00007FD198037FD0 0000000001A59080 1      Ukn
   7     2  39bc  0000000001A93780        21220  Preemptive
0000000000000000:0000000000000000 0000000001A59080 0      Ukn (Finalizer)
  10     3  39d3  00007FD1900044F0        1020220  Preemptive
0000000000000000:0000000000000000 0000000001A59080 0      Ukn (Threadpool Worker)
  11     4 39d4  00007FD190005010        1021220  Preemptive
00007FD1980381A0:00007FD198039FD0 0000000001A59080 0      Ukn (Threadpool Worker)
```

调试 8.2 .NET 线程变化

可以发现，在运行了 doWork 函数和 HelloWorld 函数之后，应用程序中的.NET 线程多了两个，分别是 10 号和 11 号线程。

下面看看 10 号线程和 11 号线程都在做什么，如调试 8.3 所示。

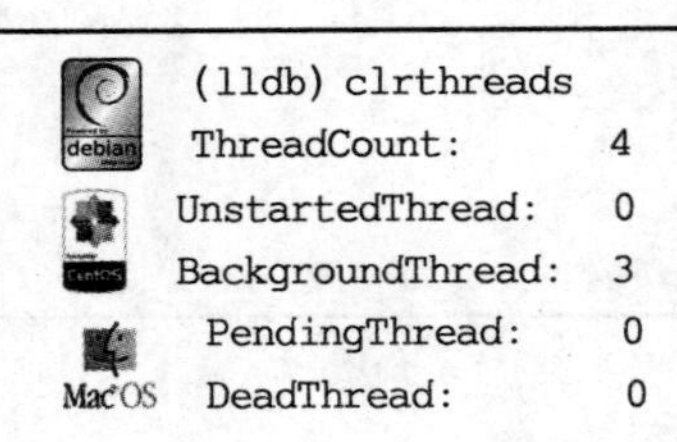

```
(lldb) clrthreads
ThreadCount:        4
UnstartedThread:    0
BackgroundThread:   3
PendingThread:      0
DeadThread:         0
```

```
Hosted Runtime:     no
Lock
      ID  OSID  ThreadOBJ        State GC Mode     GC Alloc
Context           Domain                Count Apt Exception
   1     1  39b5   0000000001A70A40       20020  Preemptive
00007FD1980378A8:00007FD198037FD0 0000000001A59080 1       Ukn
   7     2  39bc   0000000001A93780       21220  Preemptive
0000000000000000:0000000000000000 0000000001A59080 0       Ukn (Finalizer)
  10     3  39d3   00007FD1900044F0       1020220  Preemptive
0000000000000000:0000000000000000 0000000001A59080 0       Ukn (Threadpool Worker)
  11     4     39d4      00007FD190005010  1021220  Preemptive  00007FD1980381A0:
00007FD198039FD0 0000000001A59080 0       Ukn (Threadpool Worker)
```

调试 8.3　doWork 函数执行后线程变化

可是，当仔细查询后，发现这两个线程的.NET 堆栈是空的，而通过查看非托管堆栈，发现线程正在执行__pthread_cond_timedwait，这与 Task.Delay 函数的执行情况相吻合，如调试 8.4 所示。

debian CentOS MacOS

```
(lldb) t 10
* thread #9: tid = 16482, 0x00007fce752a33f8
libpthread.so.0`__pthread_cond_timedwait + 296, name = 'dotnet'
    frame          #0:                    0x00007fce752a33f8
libpthread.so.0`__pthread_cond_timedwait + 296
libpthread.so.0`__pthread_cond_timedwait:
-> 0x7fce752a33f8 <+296>: movq     %rax, %r14
    0x7fce752a33fb <+299>: movl (%rsp), %edi
    0x7fce752a33fe <+302>: callq 0x7fce752a5710          ;
__pthread_disable_asynccancel
    0x7fce752a3403 <+307>: movq 0x8(%rsp), %rdi
(lldb) clrstack
OS Thread Id: 0x39d3 (10)
        Child SP               IP Call Site
GetFrameContext failed: 1
0000000000000000 0000000000000000 <unknown>
(lldb) bt
*    thread           #9:    tid   =   16482,         0x00007fce752a33f8
libpthread.so.0`__pthread_cond_timedwait + 296, name = 'dotnet'
*    frame           #0:                              0x00007fce752a33f8
libpthread.so.0`__pthread_cond_timedwait + 296
    frame          #1:                                0x00007fce73f13c05
libcoreclr.so`___lldb_unnamed_symbol14632$$libcoreclr.so + 293
    frame          #2:                                0x00007fce73f13864
libcoreclr.so`___lldb_unnamed_symbol14631$$libcoreclr.so + 404
```

```
    frame              #3:                                 0x00007fce73f18bac
libcoreclr.so`___lldb_unnamed_symbol14704 $ $ libcoreclr.so + 156
    frame              #4:                                 0x00007fce73b94aaa
libcoreclr.so`___lldb_unnamed_symbol3505 $ $ libcoreclr.so + 138
    frame              #5:                                 0x00007fce73b94985
libcoreclr.so`___lldb_unnamed_symbol3503 $ $ libcoreclr.so + 181
    frame              #6:                                 0x00007fce73f1e952
libcoreclr.so`___lldb_unnamed_symbol14777 $ $ libcoreclr.so + 306
    frame              #7:                                 0x00007fce7529f064
libpthread.so.0`start_thread + 196
    frame              #8:                                 0x00007fce747b262d
libc.so.6`clone + 109
```

调试 8.4　10 号线程非托管堆栈

调试到这里，会发现采用了 async 关键字修饰异步方法，现有的堆栈信息对调试者来说没有什么太多的参考价值。造成这种现象的原因是什么呢？

这其实与.NET Core 在处理异步方法上的内部手法与普通的同步函数有非常大的不同有关系。被 async 关键字修饰的异步方法，在最终编译时是通过异步代码生成器来创建的。什么是异步代码生成器呢？其实是一组用于描述如何创建 async 关键字修饰的函数的结构体，主要为 AsyncVoidMethodBuilder，AsyncTaskMethodBuilder，AsyncTaskMethodBuilder<T>。异步方法的状态切换通过.NET 内置的过渡状态机来实现的，而不是直接通过 Thread 类来创建运行异步方法的线程。

那么怎么才能继续调试呢？刚才提到的过渡状态机对象就成为解开谜团的关键。现在，通过使用 dumpheap -stat 命令查找托管堆内的对象，来搜索状态机对象，如调试 8.5 所示。

debian CentOS MacOS

```
(lldb) dumpheap - stat
Statistics:
             MT   Count  TotalSize Class Name
00007fcdfac658d8  1        24    System.ConsoleKeyInfo[]
00007fcdfac64008  1        24
System.Collections.Generic.GenericEqualityComparer`1[[System.T
ext.StringOrCharArray, System.Console]]
00007fcdfac60b78            1                             24
System.ConsolePal+TerminalFormatStrings+<>c
00007fcdfa83dc68            1                             40
System.Collections.Generic.List`1[[System.WeakReference, System.Private.CoreLib]]
00007fcdfa7f07c8            1                             40
System.WeakReference[]
00007fcdf9e9c618            1                             40
System.IO.TextWriter+NullTextWriter
00007fcdf9e893d0            1                             40
System.Reflection.CerHashtable`2+Table[[System.String, System.Private.CoreLib],
```

```
[System.Reflection.RuntimePropertyInfo[], System.Private.CoreLib]]
00007fcdf9e86b38        1              40
System.Collections.Generic.Dictionary`2+KeyCollection+Enumerator[[System.String,
System.Private.CoreLib],[System.Object, System.Private.CoreLib]]
00007fcdfa882918        1              48
System.Text.UTF8Encoding+UTF8EncodingSealed
00007fcdfa882690        1              48
System.Text.ASCIIEncoding+ASCIIEncodingSealed
00007fcdfa86bb10        2              48
System.Diagnostics.Tracing.EventPipeEventProvider
00007fcdfa859450        1              48
System.Threading.TimerQueue
00007fcdfa856458        2              48
System.WeakReference
00007fcdfa855460        2              48
System.Runtime.CompilerServices.AsyncMethodBuilderCore+MoveNextRunner
00007fcdfa83fca0        1              48
System.Reflection.RuntimeAssembly
00007fcdf9e9c948        1              48
System.IO.SyncTextWriter
00007fcdf9e87870        2              48
System.Runtime.CompilerServices.StrongBox`1[[System.Boolean, System.Private.
CoreLib]]
00007fcdfac678a0        1              56
HelloWorld.Program+<HelloWorld>d__0
00007fcdfa8829b8        1              56
System.Text.UTF8Encoding+UTF8Encoder
00007fcdfa844780        1              56
System.RuntimeType+RuntimeTypeCache+MemberInfoCache`1[[System.Reflection
.RuntimeMethodInfo, System.Private.CoreLib]]
00007fcdfa8446f0        1              56
System.RuntimeType+RuntimeTypeCache+MemberInfoCache`1[[System.Reflection
.RuntimePropertyInfo, System.Private.CoreLib]]
00007fcdf9e99ac0        1              56
System.ConsolePal+UnixConsoleStream
00007fcdfac67648        1              64
HelloWorld.Program+<doWork>d__1
00007fcdfac64d98        1              64
System.IO.StdInReader
00007fcdfac64aa0        1              64
System.Func`1[[System.IO.SyncTextReader, System.Console]]
00007fcdfac60ea0        1              64
System.TermInfo+Database
00007fcdfac60a20        1              64
System.Func`1[[System.ConsolePal+TerminalFormatStrings, System.Console]]
00007fcdfa843818        4              320
System.Collections.Generic.Dictionary`2[[System.String, System.Private.CoreLib],
```

```
[System.Object, System.Private.CoreLib]]
00007fcdfa83c350        7                          336
System.Text.StringBuilder
00007fcdfa7f2698        8                          336
System.Reflection.RuntimeMethodInfo[]
00007fcdfa852b98        9                          360
Microsoft.Win32.SafeHandles.SafeFileHandle
00007fcdfa849208        8                          384
System.Globalization.CodePageDataItem
00007fcdfa840ff8        4                          448
System.Globalization.CultureInfo
00007fcdfa7f0458        18                         608
System.RuntimeType[]
00007fcdfa844b70        6                          624
System.Reflection.RuntimeMethodInfo
00007fcdfa84bcc8        9                          720
System.Signature
00007fcdfa8468c8        2                          944
System.Globalization.CultureData
00007fcdf9e86828        6                          1008
System.Collections.Generic.Dictionary`2+Entry[[System.String, System.Private
.CoreLib],[System.Object, System.Private.CoreLib]][]
00007fcdf9e875b8        1                          1152
System.Collections.Generic.Dictionary`2+Entry[[System.String, System.Private
.CoreLib],[System.UInt16, System.Private.CoreLib]][]
00007fcdfa83f498      39         1560 System.RuntimeType
00007fcdf9e88118        1                          1728
System.Collections.Generic.Dictionary`2+Entry[[System.String, System.Private
.CoreLib],[System.String, System.Private.CoreLib]][]
00007fcdfa7ee9d0      35         3408 System.String[]
00007fcdfa7ef830      8          4421 System.Byte[]
00007fcdfac64278      5                            7464
System.Collections.Generic.Dictionary`2+Entry[[System.Text.StringOrCharArray,
System.Console],[System.ConsoleKeyInfo, System.Console]][]
00007fcdfa7edbd0      17         18008 System.Object[]
00007fcdfa7f0ff8      41         38106 System.Char[]
00007fcdfa7eeed0      29         40520 System.Int32[]
00007fcdfa83c3f8      704        112750 System.String
Total 1163 objects
```

调试 8.5 从托管堆中查看状态机对象

以上内容中略去了无关的部分，实际调试过程中，显示的对象内容要多于这些。.NET Core 过渡状态机的命名是有一定规范的。状态机的命名通常含有“d__[序号]”的内容。因此，从托管堆上找到了两个状态机对象。

下面的调试步骤就是要审查这两个状态机对象现在到底是被谁引用，如调试 8.6 所示。

```
(lldb) dumpheap -mt 00007fcdfac678a0
         Address               MT           Size

00007fcdd4034ff8 00007fcdfac678a0                      56

Statistics:
              MT     Count      TotalSize Class Name
00007fcdfac678a0         1                      56
HelloWorld.Program+<HelloWorld>d__0
Total 1 objects
(lldb) dumpobj 00007fcdd4034ff8
Name:      HelloWorld.Program+<HelloWorld>d__0
MethodTable:    00007fcdfac678a0
EEClass:        00007fcdfacf4d10
Size:           56(0x38) bytes
File:
/home/parallels/Documents/HelloWorld/bin/Debug/netcoreapp2.0/HelloWorld.dll
Fields:
              MT      Field     Offset       Type VT      Attr
Value Name
00007fcdfa85c050    4000001        8      System.Int32 1
instance          0 <>1__state
00007fcdfa851060    4000002       10  ...TaskMethodBuilder 1
instance 00007fcdd4035008 <>t__builder
00007fcdfa85c050    4000003        c      System.Int32  1
instance          5000 timeout
00007fcdfa851460    4000004       28 ...vices.TaskAwaiter 1
instance 00007fcdd4035020 <>u__1
(lldb) gcroot 00007fcdd4034ff8
HandleTable:
    00007FCE758615F8 (pinned handle)
    -> 00007FCDE3FFF038 System.Object[]
    -> 00007FCDD4035420 System.Threading.TimerQueue
    -> 00007FCDD4035370 System.Threading.TimerQueueTimer
    -> 00007FCDD40350A8 System.Threading.Tasks.Task+DelayPromise
    -> 00007FCDD4035860 System.Action
    ->                                                 00007FCDD4035848
System.Runtime.CompilerServices.AsyncMethodBuilderCore+MoveNextRunner
    -> 00007FCDD4034FF8 HelloWorld.Program+<HelloWorld>d__0

Found 1 unique roots (run '!GCRoot -all' to see all roots).
(lldb) dumpheap -mt 00007fcdfac67648
         Address             MT                        Size
00007fcdd4034f40 00007fcdfac67648                        64

Statistics:
```

```
              MT         Count               TotalSize Class Name
00007fcdfac67648            1                      64
HelloWorld.Program+<doWork>d__1
Total 1 objects
(lldb) dumpobj 00007fcdd4034f40
Name:        HelloWorld.Program+<doWork>d__1
MethodTable:  00007fcdfac67648
EEClass:      00007fcdfacf4508
Size:         64(0x40) bytes
File:
/home/parallels/Documents/HelloWorld/bin/Debug/netcoreapp2.0/HelloWorld.dll
Fields:
                   MT     Field   Offset          Type VT     Attr
Value Name
00007fcdfa85c050          4000005     8     System.Int32        1
instance          0 <>1__state
00007fcdfa864d18          4000006    10      ...VoidMethodBuilder  1
instance 00007fcdd4034f50 <>t__builder
00007fcdfa851460          4000007    30      ...vices.TaskAwaiter  1
instance 00007fcdd4034f70 <>u__1
(lldb) gcroot 00007fcdd4034f40
HandleTable:
    00007FCE758615F8 (pinned handle)
    -> 00007FCDE3FFF038 System.Object[]
    -> 00007FCDD4035420 System.Threading.TimerQueue
    -> 00007FCDD4035370 System.Threading.TimerQueueTimer
    -> 00007FCDD40350A8 System.Threading.Tasks.Task+DelayPromise
    -> 00007FCDD4035860 System.Action
    ->                                                00007FCDD4035848
System.Runtime.CompilerServices.AsyncMethodBuilderCore+MoveNextRunner
    -> 00007FCDD4034FF8 HelloWorld.Program+<HelloWorld>d__0
    ->                                                00007FCDD40358A0
System.Threading.Tasks.Task`1[[System.Threading.Tasks.VoidTaskResult, System.Private
.CoreLib]]
    -> 00007FCDD40378B0 System.Action
    ->                                                00007FCDD4037898
System.Runtime.CompilerServices.AsyncMethodBuilderCore+MoveNextRunner
    -> 00007FCDD4034F40 HelloWorld.Program+<doWork>d__1

Found 1 unique roots (run '!GCRoot -all' to see all roots).
```

调试 8.6 过渡状态机引用关系

通过 gcroot 命令可以看到两个非常有用的信息。第一个有用的信息是从 dumpobj 命令查看状态机对象时可以看到状态机对象的 timeout 属性值是 5000。这与调用 HelloWorld 异步方法时传入的超时时间是一致的。从状态机的名称上看，HelloWorld

.Program+<HelloWorld>d__0 也确实是 HelloWorld 异步方法的状态机。

第二个有用的信息是从 gcroot 命令中看到了异步代码生成器 AsyncMethodBuilderCore 对状态机的引用，并且获得了 AsyncMethodBuilderCore 对象的地址。通过这个地址可以转储查看异步代码生成器结构体的各种成员，如调试 8.7 所示。

```
(lldb) dumpobj 00007FCDD4035848
Name:
System.Runtime.CompilerServices.AsyncMethodBuilderCore+MoveNe
xtRunner
MethodTable:  00007fcdfa855460
EEClass:      00007fcdfa062bd0
Size:         24(0x18) bytes
File:
/usr/share/dotnet/shared/Microsoft.NETCore.App/2.0.3/System.Private.CoreLib.dll
Fields:
              MT        Field      Offset            Type VT       Attr
Value Name
00007fcdfa7defe0    4001e1b    8 ...AsyncStateMachine          0
instance 00007fcdd4034ff8 m_stateMachine
00007fcdfa7d6260    4001e1c    1710 ...g.ContextCallback        0
shared          static InvokeMoveNextCallback
                                        >> Domain:Value
0000000000744080:NotInit <<
```

调试 8.7 查看异步代码生成器对象

很可惜，在 Linux 版本的.NET Core 调试扩展上面，没有提供 SaveModule 命令，无法将整个动态库中的中间语言(Intermediate Language)代码保存到磁盘上。在 LLDB 调试器中的工作也就此结束了。

但是，在.NET Core SDK 中带有 ildasm 工具，用来把一个动态库中的代码转换成中间语言保存。调试者可以借助这个工具查看异步方法被编译后变成了什么样子，具体如命令 8.3 所示。

```
$ cd ~/dotnet/coreclr/bin/Product/Linux.x64.Debug
$ ./ildasm ~/Documents/HelloWorld/bin/Debug/
netcoreapp2.0/HelloWorld.dll
```

命令 8.3 ildasm 反汇编 HelloWorld.dll 代码

从转储出来的 IL 代码可以看到之前的异步方法 HelloWorld 已经被 Roslyn 编译器改造成代码 8.10 的样子。

```
.method public hidebysig static class [System.Runtime]System.Threading
.Tasks.Task
        HelloWorld(int32 timeout) cil managed
  {
    .custom instance void [System.Runtime] System.Runtime.CompilerServices.
AsyncStateMachineAttribute::.ctor(class [System.Runtime]System.Type) = ( 01 00 23 48 65 6C
6C 6F 57 6F 72 6C 64 2E 50 72                      // ..#HelloWorld.Pr
6F 67 72 61 6D 2B 3C 48 65 6C 6C 6F 57 6F 72 6C      // ogram+<HelloWorld>d__0..
64 3E 64 5F 5F 30 00 00 )
    .custom instance void [System.Diagnostics.Debug] System.Diagnostics
.DebuggerStepThroughAttribute::.ctor() = ( 01 00 00 00 )
   // Code size 59 (0x3b)
   .maxstack 2
   .locals init (class HelloWorld.Program/'<HelloWorld>d__0' V_0,
            valuetype [System.Threading.Tasks] System.Runtime.CompilerServices
.AsyncTaskMethodBuilder V_1)
    IL_0000: newobj instance void HelloWorld.Program/'<HelloWorld>d__0'::.ctor()
    IL_0005:  stloc.0
    IL_0006:  ldloc.0
    IL_0007:  ldarg.0
    IL_0008:           stfld            int32 HelloWorld.Program/'<HelloWorld>d__0'
::timeout
    IL_000d: ldloc.0
    IL_000e:           call             valuetype [System.Threading.Tasks]System
.Runtime.CompilerServices.AsyncTaskMethodBuilder [System.Threading.Tasks]System.Runtime
.CompilerServices.AsyncTaskMethodBuilder::Create()
    IL_0013:           stfld            valuetype [System.Threading.Tasks]System
.Runtime.CompilerServices.AsyncTaskMethodBuilder HelloWorld.Program/'<HelloWorld>d__0'::'<
>t__builder'
    IL_0018: ldloc.0
    IL_0019: ldc.i4.m1
    IL_001a:           stfld            int32 HelloWorld.Program/'<HelloWorld>d__0'
::'<>1__state'
    IL_001f: ldloc.0
    IL_0020:           ldfld            valuetype [System.Threading.Tasks]System
.Runtime.CompilerServices.AsyncTaskMethodBuilder HelloWorld.Program/'<HelloWorld>d__0'::'<
>t__builder'
    IL_0025: stloc.1
    IL_0026: ldloca.s V_1
    IL_0028: ldloca.s V_0
    IL_002a: call instance void [System.Threading.Tasks]System.Runtime.CompilerServices
.AsyncTaskMethodBuilder::Start<class HelloWorld.Program/'<HelloWorld>d__0'>(!!0&)
    IL_002f: ldloc.0
```

```
    IL_0030:          ldflda          valuetype [System.Threading.Tasks]System
.Runtime.CompilerServices.AsyncTaskMethodBuilder HelloWorld.Program/'<HelloWorld>d__0'::'<
>t__builder'
    IL_0035:          call            instance class [System.Runtime]System
.Threading. Tasks. Task [System. Threading. Tasks] System. Runtime. CompilerServices
.AsyncTaskMethodBuilder::get_Task()
    IL_003a: ret
  } // end of method Program::HelloWorld
```

代码 8.10　IL 反汇编源代码

8.4.2　在 Visual Studio 2017 上调试异步方法

8.3 节中，使用 LLDB 和.NET Core 扩展对 HelloWord 应用程序中的异步方法进行了一番调试。对于这个项目，在 Windows 上用 Windbg 进行调试的过程和步骤差不多。Windbg 的 SOS 调试扩展支持 SaveModule 调试命令，可以直接将中间语言代码保存到文件中。

本节中，将展示 Visual Studio 强大的调试功能来辅助调试异步方法。之所以使用 Visual Studio 来调试异步方法的代码，是因为 Visual Studio 有一系列更加可视化的工具来支持异步方法的调试。

在 Visual Studio 中专门提供了一个名为 Parallel Stacks 的调试窗口，来支持对 async 异步方法调用的浏览。启动该窗口的方法为：Debug→Windows→Parallel Stacks。

然后打开源代码文件，在异步方法中设置断点，并运行应用程序，或者通过附加进程的方式调试应用程序。在断点触发时，就可以看到 Parallel Stacks 已经开始显示相关调试信息了，如图 8.1 所示。

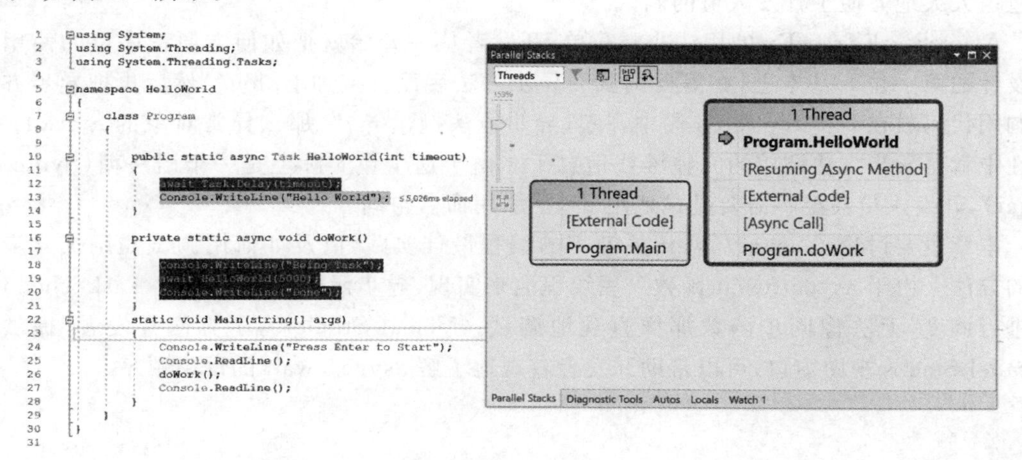

图 8.1　Parallel Stacks

在 Parallel Stacks 窗口的左上角，可以选择使用任务视图还是线程视图，来决定当前显示的是任务数据还是线程堆栈数据，如图 8.2 所示。

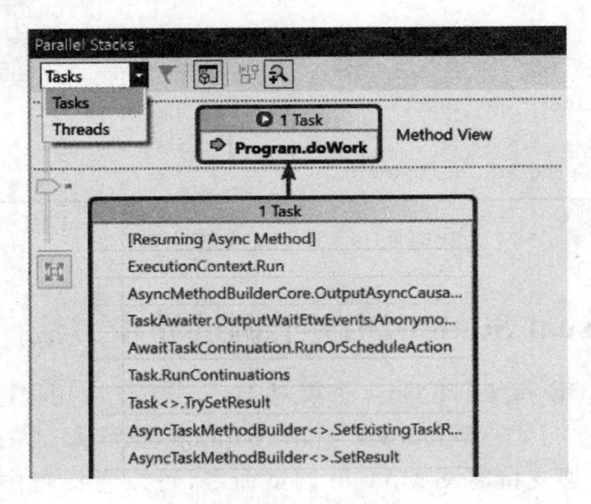

图 8.2 Task 视图

在 Parallel Stacks 窗口中还可以通过鼠标右键菜单选择显示的信息种类以及是否加载符号表等功能。基本上，在 Parallel Stacks 窗口中可以看到之前使用 LLDB 调试 HelloWorld 时异步方法代码的全貌，使用 Visual Studio 追踪异步方法的执行相对简单灵活。

此外，程序员还可以在编写异步代码时，为应用程序加入一个名为 AsyncStackTraceEx 的 NuGet 包，通过这个包的支持，在日志中输出异步代码的详细调用堆栈信息。有兴趣的读者可以参考下面的链接：https://github.com/ljw1004/async-exception-stacktrace。这个包也大大地方便了开发人员的调试。

AsyncStackTraceEx 的用法非常简单，开发者从一开始就把如何方便程序员的使用作为设计的第一位。基本上，在需要调试的异步方法后面直接加上.log()然后再把异步方法的调用代码放在一个 try-catch 段中，一旦异步方法抛出异常，那么异常对象的 StackTrace 属性中就是异步方法调用的完整堆栈信息了。由于这个包实际上是一个语法糖(Syntactic sugar)，开发人员甚至不需要显式地用 using 引用命名空间。

本章主要讨论了 async/await 关键字的编程最佳实践，以及如何用调试器调试异步函数的方法。由于 async/await 函数采用线程池来实现，异步函数的调用通过 TaskScheduler 来进行调度，无法像同步函数那样直观地调试。Visual Studio 为了方便开发者，提供了 Parallel Stacks 视图窗口，可以帮助开发者直观地了解 async/await 的调用顺序。

第9章 内存和垃圾收集

垃圾收集(garbage collection)是当今普遍采用的一种动态内存管理机制。最早由 John McCarthy 在 1959 年提出这一概念,并在 Lisp 语言中得以实现。垃圾收集省去了程序员动态申请内存之后的释放步骤,降低了程序员的编码复杂度。但是如果不正确地理解和使用垃圾收集机制,也会造成应用程序不恰当地占用内存的现象,降低应用程序的运行效率。

本章讨论.NET Core 垃圾收集机制的实现、最佳实践以及如何调试.NET Core 应用程序内存问题。

9.1 .NET Core 内存管理工作原理

.NET Core 的内存管理包括对内存的分配、堆内存的监控和管理以及垃圾收集等。

所谓垃圾收集,其实是特指内存中的垃圾对象。由于应用程序在运行过程中长期地动态申请和释放内存,导致应用程序在运行过程中会产生大量的垃圾对象。本节讨论应用程序是怎样申请和释放内存的。

9.1.1 从一行简单的代码看内存申请

下面通过一行简单的 C#代码来看.NET 内存的申请,如代码 9.1 所示。

```
ArrayList list = new ArrayList();                    //创建一个 ArrayList 对象
```

代码 9.1 ArrayList 对象创建

这一行代码创建了一个名为 list 的 ArrayList 类型集合对象。下面分析这一行代码在.NET Core 上面是怎样执行的。以中间的赋值符号为界,先看左边的部分。

一般来说,在编写的代码中,能够接触到两种内存:堆内存(heap)和栈内存(stack)。栈内存一般会成为线程所占用的线程保留内存空间的一部分,因此经常看到在创建线程时需要指定线程堆栈的大小(在 Windows 和.NET 下,缺省情况下是 1MB)。例如.NET 的线程创建函数就有下面这样的函数声明,其中第二个参数用来指定线程创建时的堆栈的大小,如代码 9.2 所示。

```
public Thread(ThreadStart start, int maxStackSize)
```

代码 9.2 线程创建声明

在线程中当函数在执行时,它可以将一些状态数据添加到堆栈的顶部;当函数退出时,它负责从堆栈中删除该数据。因此,堆栈是一种后进先出的数据结构。例如我们常见的情况,如代码 9.3 所示。

```
int simpleAdd (int a, int b)
{
    int ret = a + b;
    return ret;
}
```

代码 9.3 SimpleAdd

在 simpleAdd 函数中,无论是参数 a 和 b 还是函数中声明的变量 ret,在函数执行结束后,都会被从堆栈中弹出。这也就是变量的作用域,当变量离开了它的作用域即限定它的大括号,那么变量就会被销毁,也就不再有意义了。

由以上知识可以了解到以下结论:

(1) 函数声明的变量中,以"类型 变量名"方式声明的变量通常保存在栈内存中。代码中的 ret 变量就是这种情况。

(2) 栈内存上的变量有作用域限制,当代码执行跳出作用域时,变量就会被强制从堆栈中弹出,也就是被自动销毁。

回到本节列出的第一行代码,在赋值符号的左边 ArrayList list 就非常符合之前说到的结论,它是由"类型 变量名"形式声明的变量,所以和一般的类似 int i 这种一样。既然变量 i 存在于堆栈上,所以变量 list 也存在于堆栈上。

下面来看一下赋值符号右边的部分,赋值符号右边主要由三部分组成:new 操作符,类型名 ArrayList 以及一对小括号。在已有的经验中 new 操作符都是在堆内存区域中申请内存的,C++、Java、C# 等高级语言中的 new 操作符都是这个作用。因此我们知道赋值符号右边的部分是在堆上创建了一个 ArrayList 类型的对象。

ArrayList 后面紧跟着的一对小括号代表调用这个对象的默认构造函数。

当对象构造完成之后,ArrayList 对象的首地址将通过赋值符号传递给变量 list。也就是说,堆栈上的 list 变量中保存的是 ArrayList 对象在堆上的首地址。这样就完成了堆上对象的创建和赋值。

当开发者执行诸如 list.Length 之类的代码时,先通过堆栈上的 list 变量地址中获取到托管堆上 ArrayList 对象的首地址,然后再根据 Length 属性的偏移量在堆上进行寻址找到

Length 的真正值。如果要查找的成员也是一个引用类型的,那么就要从这个属性中取出这个引用类型对象的真正地址,并再次在堆栈上进行寻址和查找。

变量 list 也被称为托管堆上的 ArrayList 对象的引用根。托管堆对象的引用根只可能出现在三个地方：堆栈,就像堆栈上的 list 变量那样；托管堆,如 ArrayList 对象中的一个元素,元素在托管堆上有自己独立的地址空间,ArrayList 对象在自己的地址空间内保存着一个队元素的引用；最后一个是 Finalizer 队列,这个在本章稍后会提到。

一个对象,如果垃圾收集器在进行扫描时,在堆栈、托管堆和 Finalizer 队列上彻底找不到这个对象的引用根,那么垃圾收集器就会认为这个对象是无法访问的(unreachable),会直接将这个对象的内存回收。

9.1.2　.NET Core 内存管理概览

以下内容是.NET Core 内存管理的功能阐述,对.NET Core 开发者非常有价值。

.NET Core 的内存管理机制是.NET Core CLR 的精华所在。从申请内存的功能上,.NET Core 会把对象按照体积的大小区别对待。大于 85 000 字节的对象被称作是大对象(large object),小于 85 000 字节的对象是开发者经常使用的一般对象。这两种对象被区别对待,放在不同的托管堆中。.NET Core 管理的远不仅仅是一个堆。做出区分的主要原因是用于保存一般对象的托管堆会在垃圾收集之后进行堆内存整理,迁移托管堆内存中的对象,使它们连续成片,同时也让可用内存连续成片。但是对于 85 000 字节以上的对象来说,整理堆内存碎片的代价太大,.NET Core 不会对这些对象的地址进行迁移操作,这也就意味着大对象堆上的内存是存在碎片的。

在托管堆和垃圾收集器被创建时,会有两种工作模式：服务器模式和工作站模式。.NET Core 在服务器模式下会为每个 CPU 核配置独立的托管堆。而工作站模式,.NET Core 会把所有的 CPU 内核合并起来看成是一颗逻辑 CPU,.NET Core 给这个逻辑 CPU 创建托管堆和垃圾收集器。两种工作模式是针对操作系统和应用程序场景设置的。工作在服务器模式下,虽然.NET Core 系统部分占用的内存较多,但是并发性好,运行多线程或多任务的应用程序比较有优势。工作站模式下.NET Core 占用内存小,但是性能没有服务器模式下那么好,并发度较低。

.NET Core 对托管堆的内存进行划代管理,共分为 0,1,2 代。对象越老,代际越高。目前生存时间越长的对象,未来被回收的概率也就会越低,所以被划分到较高的代际。

.NET Core 的垃圾收集器回收一个对象主要分为以下步骤：

(1) 遍历堆内存,确定哪些对象已经不再有变量或对象引用,也就是识别垃圾。

(2) 把垃圾对象的首地址挂在 Finalizer 队列上,等待 Finalizer 线程逐个调用垃圾对象的析构函数。

(3) 在垃圾对象执行完成析构函数之后,从内存中抹去这个对象,并执行内存整理。

.NET Core 垃圾收集器每个步骤的执行时间都会很长,因此垃圾收集器每启动一次都是百毫秒级的操作。

垃圾收集器在工作时,应用程序是停止工作的,因为垃圾收集器要进行内存整理。为了保持可用对象地址连续,还活着的对象的首地址会产生变化,垃圾收集器负责把最新的对象首地址写入引用根中。如果此时引用根中的地址被使用,有可能就是一个无效的地址。因此,在垃圾收集器工作时应用程序处于挂起状态。

为了进一步提升垃圾收集器的效率,降低垃圾收集对应用程序运行的影响,发明了并发垃圾收集器,主旨就是为了降低为垃圾收集器启动而导致应用程序挂起的时间。但是并发垃圾收集器也有限制,一是只能在服务器模式下工作;二是减低不等于消灭,在执行垃圾回收的过程中,应用程序还是有挂起时间的。

垃圾收集器的启动是.NET Core 自己控制的。只有发现托管堆内存处于比较窘迫的状态,垃圾收集器才会启动并回收垃圾对象。另一种让垃圾收集器启动的方法是强制调用GC.Collect 方法,这是严重不推荐的。

基于以上知识,可以得出以下结论:

(1) 垃圾收集器的工作是一件非常耗时的工作,成本很高。

(2) 垃圾回收的步骤很多,最耗时的有两个步骤:Finalizer 队列和内存碎片整理。

(3) 程序员无法控制垃圾收集器的启动时机,垃圾收集器有自己的工作节律。

于是,开发者能在垃圾收集器上进行的优化主要是两部分:

(1) 尽量规划好内存的申请和释放,让垃圾收集器尽量减少启动次数。

(2) 尽量降低垃圾对象在 Finalizer 队列的停留时间,最好不停留。

于是从.NET Core 内存管理角度提升应用程序运行效率就必须要从以上两点入手。

9.1.3 托管堆内存的分代管理

.NET Core 把托管堆内存进行分代管理,主要是为了降低垃圾收集器的工作时间。如果 0 代内存执行过回收之后,内存够用了,那么就没必要对 1 代内存进行回收。这样回收操作涉及的对象数量就比全部对象执行回收要少,如图 9.1 所示。

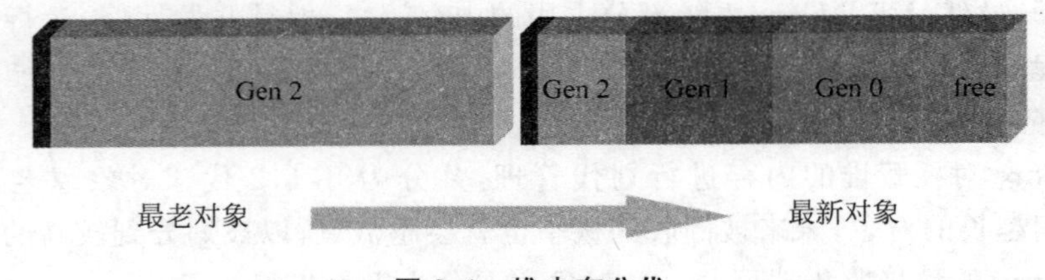

图 9.1 堆内存分代

经过几次垃圾收集,总有一些对象保留了下来。这些对象随着生存周期的延长,逐渐地从 0 代内存对象升级为 1 代内存对象,直到升级成生存周期最长的 2 代对象。根据生存周期越长的对象在未来的时间里也会继续生存下去的假设,这些对象将不太会被垃圾收集器进行回收。

随着时间的推移,2 代对象逐渐聚集在堆内存的低位,高位内存则是最新创建的 0 代内存对象和空闲的内存。内存的代际实际上是依靠.NET Core维护的内存指针来实现的。当某个对象从1代升级到2代时,并不会在内存中迁移这个对象,.NET Core会移动1代内存的指针,以求达到内存管理的高效率。

9.1.4 Finalizer队列

作为面向对象的高级语言,C#、VB.NET等声明的类型中是需要支持析构函数对象的。.NET Core的析构函数,要么写作~类型名的形式,要么写作Finalizer。析构函数本意是用来释放构造函数执行时申请的资源的。

.NET Core垃圾收集器为了支持高级语言析构函数的语法特性,专门设计了Finalizer队列。这个队列专门用来调用垃圾对象的析构函数。当垃圾收集器第一次启动时,会把那些没有引用根的对象放到Finalizer队列中,并将Finalizer设置为这些对象的引用根。然后Finalizer队列会逐个调用队列中每个对象的析构方法,让这些对象有机会通过析构函数释放资源。一旦这些对象的析构函数调用完毕,垃圾收集器会在下一次启动时将这些对象在内存中销毁。

在.NET Core中使用析构函数释放对象申请的资源,不是好的方式。因为,开发者无法知道垃圾收集器何时启动,无法知道对象的析构函数何时被调用,自然也就无法知道资源何时可以被释放掉。

为此.NET Core和.NET Framework一直都有一个IDisposable接口,用来实现资源的可控释放。需要主动释放资源的类型需要实现IDisposable接口,在Dispose方法中实现资源的释放。Dispose方法需要开发人员主动调用。这样就可以在代码中确定资源在恰当的时机被释放了。

有关IDisposable模式,请参考:

https://docs.microsoft.com/en-us/dotnet/standard/design-guidelines/dispose-pattern

9.2 内存泄漏调试

内存泄漏是应用程序运行中最常见的问题。随着应用程序执行时间的增加,应用程序在长时间内占用内存呈现上涨趋势,且没有恢复到之前水平的可能,这种现象就是内存泄漏。大规模的内存泄漏严重威胁应用程序长期稳定地运行。最严重的内存泄漏会让整个服务器资源陷于窘迫导致系统运行极慢,最后崩溃。

因此,避免内存泄漏是.NET开发者在应用程序上限之前必须解决的问题。下面通过应用样例代码中的Memory Leak程序来调试应用程序内存泄漏。

9.2.1 如何诊断内存泄漏

应用程序内存泄漏好比是慢性病,人得了慢性病不会马上就有生命危险,但是随着病程的发展,最终会走向不可收拾的境地。因此,一个有内存泄漏的应用程序最初运行时看起来是正常的。这就给发现和诊断内存泄漏问题带来了一定的难度。

判断一个应用程序是否有内存泄漏是一个动态的过程，需要随着应用程序运行时间的延长来诊断应用程序是否有占用内存的数量一直持续上涨的趋势。同时，观察应用程序内存泄漏也需要一定的工具进行辅助。下面介绍 Linux 和 Windows 操作系统下各自诊断内存泄漏的工具。

1. 在 Linux 上用进程状态工具来诊断内存泄漏

Linux 上的进程状态查看命令 ps(process status)可以帮助开发者进行应用程序内存的查看。具体如命令 9.1 所示。

```
ps -e -o 'pid,comm,args,rsz,vsz,stime'
```

命令 9.1 查看进程内存

其中，pid 是进程 ID，comm 代表用户输入的命令行，args 代表用户输入的参数，rsz 是进程当前占用的内存数量，vsz 是进程占用的虚拟内存地址数量，stime 是当前时间。以 Memory Leak 为例，当通过 dotnet run 启动 Memory Leak 命令之后，就可以在另一个命令行终端内运行上面的命令。由于内存泄漏是一个持续的过程，因此必须多次运行上面的命令查看应用程序占用内存的变化。图 9.2 中是两次运行 ps 命令得到的结果(输出内容有删减)。

```
parallels@debian-gnu-linux-8:~$ ps -e -o 'pid,comm,args,rsz,vsz,stime'
  PID COMMAND         COMMAND                          RSZ    VSZ STIME
    1 systemd         /sbin/init                      4388 176216 09:09
    2 kthreadd        [kthreadd]                         0      0 09:09
 2004 kworker/1:0     [kworker/1:0]                      0      0 09:14
 2023 kworker/0:0     [kworker/0:0]                      0      0 09:16
 2049 dotnet          dotnet run                     56704 3189900 09:21
 2098 dotnet          dotnet exec /usr/share/dotn    87640 3280484 09:21
 2135 ps              ps -e -o pid,comm,args,rsz,     2172  10688 09:21
parallels@debian-gnu-linux-8:~$ ps -e -o 'pid,comm,args,rsz,vsz,stime'
  PID COMMAND         COMMAND                          RSZ    VSZ STIME
    1 systemd         /sbin/init                      4388 176216 09:09
    2 kthreadd        [kthreadd]                         0      0 09:09
 2004 kworker/1:0     [kworker/1:0]                      0      0 09:14
 2023 kworker/0:0     [kworker/0:0]                      0      0 09:16
 2049 dotnet          dotnet run                     72144 3193444 09:21
 2141 dotnet          dotnet exec /home/parallels    32556 2546872 09:21
 2150 ps              ps -e -o pid,comm,args,rsz,     2196  10688 09:21
```

图 9.2 进程内存比较

从图 9.2 可以看到，在 1 分钟内，内存持续增加。其实在真正的生产环境下去诊断内存泄漏是不能仅仅看 1 分钟的数据的，这需要小时级别或天级别的持续观察。越不明显的内存泄漏就越难以观察到，观察的时间就必须拉得越长。由于 Memory Leak 仅仅是一个示例代码,所以观察时间短。

在 Linux 下还有其他的命令可以帮助开发者查看应用程序内存数据。如果真的需要长时间观察某个进程的内存占用情况,可以考虑使用 top 命令。通过给 top 命令传入一个进程 ID,top 命令可以在命令行终端内长时间持续地监控一个进程 CPU 和内存的变化,并实时显示,如图 9.3 所示。

```
parallels@debian-gnu-linux-8:~$ ps -all
F S   UID   PID  PPID  C PRI  NI ADDR SZ WCHAN  TTY          TIME CMD
0 S  1000  2049  1775  0  80   0 - 798361 -     pts/0    00:00:06 dotnet
0 S  1000  2141  2049  0  80   0 - 636718 -     pts/0    00:00:00 dotnet
0 R  1000  2241  1791  0  80   0 -  2672 -      pts/1    00:00:00 ps
parallels@debian-gnu-linux-8:~$ top -p 2049

top - 09:46:03 up 36 min,  3 users,  load average: 0.23, 0.07, 0.02
Tasks:   1 total,   0 running,   1 sleeping,   0 stopped,   0 zombie
%Cpu(s):  0.2 us,  0.5 sy,  0.0 ni, 99.3 id,  0.0 wa,  0.0 hi,  0.0 si,  0.0 st
KiB Mem:   1021000 total,   929500 used,    91500 free,   168460 buffers
KiB Swap:  2094076 total,    29472 used,  2064604 free.   244988 cached Mem

  PID USER      PR  NI    VIRT    RES    SHR S  %CPU %MEM     TIME+ COMMAND
 2049 paralle+  20   0 3193444  72588  46332 S   0.7  7.1   0:06.12 dotnet
```

图 9.3 top 命令显示内存变化

2. 在 Windows 上使用性能计数器诊断内存泄漏

在 Windows 上,微软提供了一个图形化的交互工具查看一个进程运行的具体情况。这个工具是 Windows 操作系统自带的,并且不区分版本。因此,使用起来非常方便。具体使用方法如下:

(1) 单击“开始”菜单→“运行”。

(2) 输入“perfmon”并按回车键。

(3) 在界面的左侧选择“Performance Monitor”,在右侧工具栏上单击“+”,添加性能计数器指标,如图 9.4 所示。

其中“Working Set-Private”是记录应用程序占用了多少物理内存的技术器指标。通过观察该指标即可了解到应用程序进程持续占用内存的情况。

(4) 观察一段时间的应用程序进程内存占用情况,了解进程内存占用的趋势,如图 9.5 所示。

在图 9.5 中,可以看到应用程序在一段时间内占用的内存数量呈缓慢上升趋势。此现象可以作为诊断内存泄漏的依据。

通过性能计数器的 Last、Average、Minimun 和 Maximun 也可以看出内存的变化趋势。

9.2.2 Linux 的内存泄漏调试

由于内存泄漏是一个长时间的过程,因此,不太可能使用调试器去直接附加到进程上调试,因为这样做会长时间地中断应用程序进程的正常运行。除非是在测试环境上,开发者独占这个应用程序心无旁骛地调试应用程序内存泄漏问题。

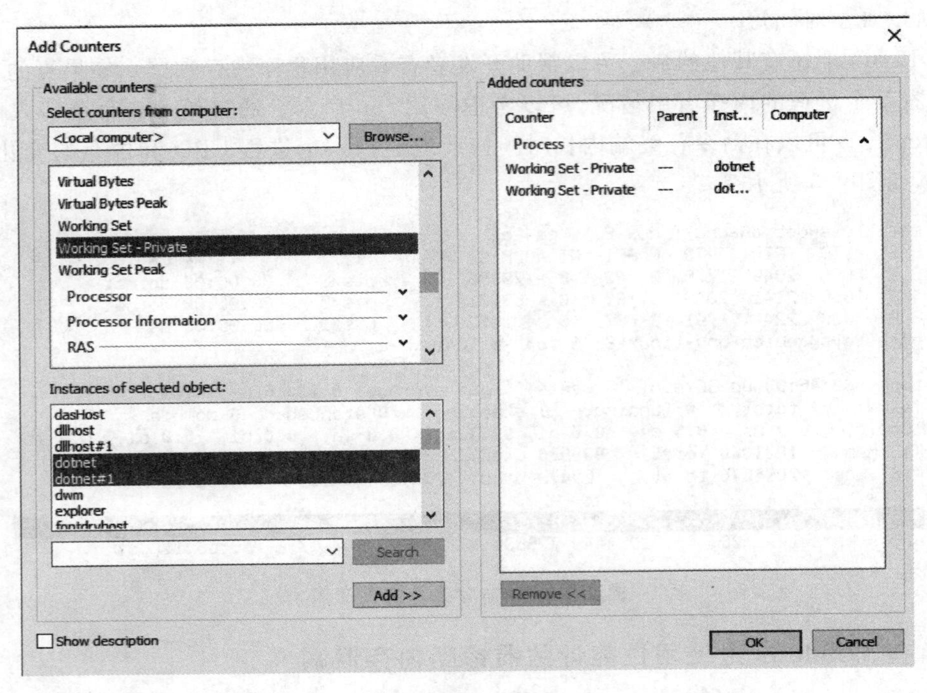

图 9.4　性能计数器

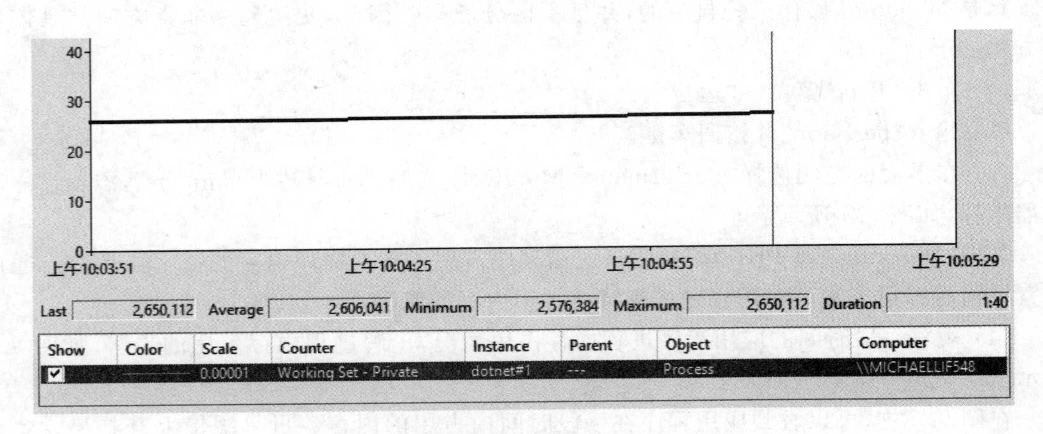

图 9.5　性能计数器监控

正确的做法一般是通过抓取内存转储的工具，按照时间段在应用程序进程上抓取不同时间的应用程序快照。通过比对不同时间的快照数据来定位内存泄漏问题。请注意，抓取内存快照也会对应用程序产生影响，在抓取快照的过程中，应用程序会挂起，直到快照抓取完成。挂起的时间长短与应用程序进程占用的内存数量正相关。当前占用内存数量越大，那么生成快照的时间就越长。

了解到以上知识后，现在就可以运行 Memory Leak 程序，并通过.NET Core SDK 自带的 CreateDump 工具按照时间抓取内存转储，如命令 9.2 所示。

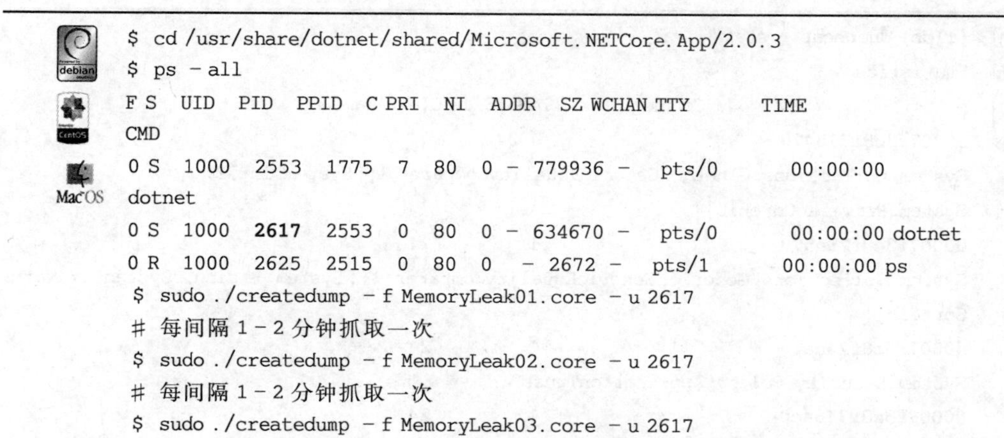

```
$ cd /usr/share/dotnet/shared/Microsoft.NETCore.App/2.0.3
$ ps -all
F S  UID  PID  PPID  C PRI  NI  ADDR  SZ WCHAN TTY        TIME
CMD
0 S  1000  2553  1775  7  80  0 - 779936 -   pts/0      00:00:00
dotnet
0 S  1000  2617  2553  0  80  0 - 634670 -   pts/0      00:00:00 dotnet
0 R  1000  2625  2515  0  80  0  - 2672 -   pts/1      00:00:00 ps
 $ sudo ./createdump -f MemoryLeak01.core -u 2617
 # 每间隔 1-2 分钟抓取一次
 $ sudo ./createdump -f MemoryLeak02.core -u 2617
 # 每间隔 1-2 分钟抓取一次
 $ sudo ./createdump -f MemoryLeak03.core -u 2617
```

命令 9.2　抓取内存转储文件

接下来，需要同时打开三个命令行终端，同时运行三个 LLDB，并加载这三个抓取好的内存转储文件，然后再开始调试，如命令 9.3 所示。

```
$ cd /usr/share/dotnet/shared/Microsoft.NETCore.App/2.0.3
$ lldb -c ./MemoryLeak01.core
(lldb) plugin load
~/dotnet/coreclr/bin/Product/Linux.x64/Debug/libsosplugin.so
 # 打开新的命令行终端
$ lldb -c ./MemoryLeak02.core
(lldb) plugin load
~/dotnet/coreclr/bin/Product/Linux.x64/Debug/libsosplugin.so
 # 打开新的命令行终端
$ lldb -c ./MemoryLeak03.core
(lldb) plugin load
~/dotnet/coreclr/bin/Product/Linux.x64/Debug/libsosplugin.so
```

命令 9.3　加载内存转储文件

在调试环境一切就绪之后，再在三个调试中分别运行下面的命令，查看内存对象的统计，如调试 9.1 所示。

```
(lldb) dumpheap -stat
```

调试 9.1　查看托管堆内存统计信息

以下是运行结果，内容有删减，如调试 9.2、调试 9.3、调试 9.4 所示。

```
(lldb) dumpheap - stat
Statistics:
              MT      Count     TotalSize Class Name
00007f3c8f778470          1 24
System.Collections.Generic.GenericEqualityComparer`1[[System.Int32,
System.Private.CoreLib]]
00007f3c8f75a570          1          24
System.Collections.Generic.GenericEqualityComparer`1[[System.String, System.Private.
CoreLib]]
00007f3c8f74da20          1          24
System.Security.Policy.ApplicationTrust
00007f3c8f748ac0          1          24
System.OrdinalIgnoreCaseComparer
00007f3c8f7489d8          1          24
System.OrdinalCaseSensitiveComparer
00007f3c8f746500          1          24
System.SharedStatics
00007f3c8f73c300          1          24 System.IntPtr
00007f3c8f73bd08          1          24 System.AppDomainPauseManager
00007f3c8f738ec8          1          24
System. Collections. Generic. Dictionary ` 2 + KeyCollection [[ System. String, System.
Private.CoreLib],[System.Object, System.Private.CoreLib]]
00007f3c8f72a2d8          1          24
System.Collections.Generic.NonRandomizedStringEqualityComparer
00007f3c8f7208c8      1          24 System.Boolean
00007f3c8ed7ab38      1          24 System.ConsolePal+<>c
00007f3c8ed7a180      1          24 System.Console+<>c
00007f3c8ed75168      1          24 MemoryLeak.SimpleObj
00007f3c8f6d7b68      1          26
System.Globalization.CalendarId[]
00007f3c8ed77b48        298          7152
MemoryLeak.MemoryLeaksClass
00007f3c8f6cdbd0       17          26136 System.Object[]
00007f3c8f6d0ff8       34          32576 System.Char[]
00007f3c8f6b1b68      595          38080 System.EventHandler
00007f3c8f6ceed0       21          39324 System.Int32[]
00007f3c8f71c3f8      994          144068 System.String
Total 2420 objects
```

调试 9.2　第一个内存转储结果

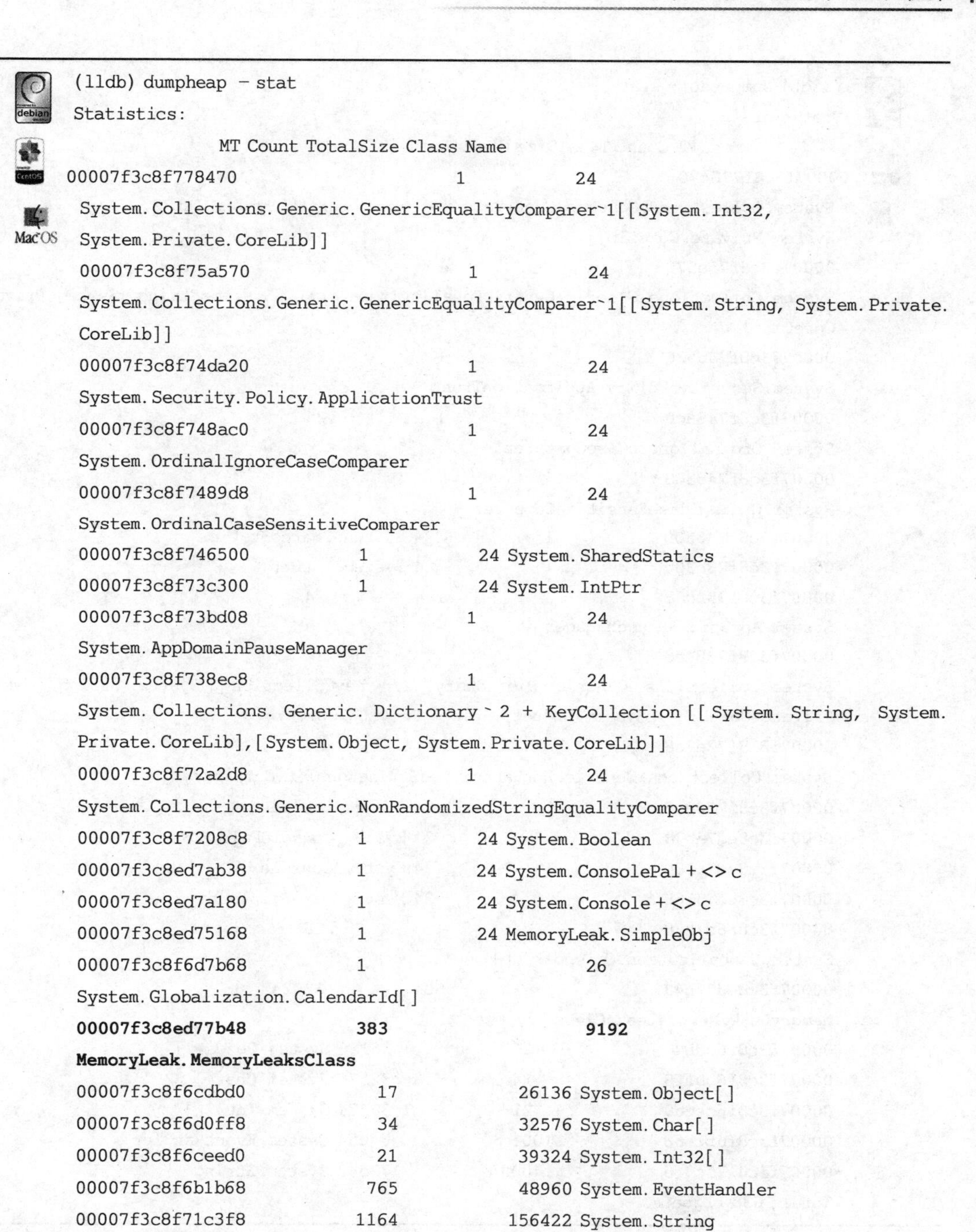

```
(lldb) dumpheap -stat
Statistics:
              MT Count TotalSize Class Name
00007f3c8f778470                    1          24
System.Collections.Generic.GenericEqualityComparer`1[[System.Int32,
System.Private.CoreLib]]
00007f3c8f75a570                    1          24
System.Collections.Generic.GenericEqualityComparer`1[[System.String, System.Private.
CoreLib]]
00007f3c8f74da20                    1          24
System.Security.Policy.ApplicationTrust
00007f3c8f748ac0                    1          24
System.OrdinalIgnoreCaseComparer
00007f3c8f7489d8                    1          24
System.OrdinalCaseSensitiveComparer
00007f3c8f746500         1          24 System.SharedStatics
00007f3c8f73c300         1          24 System.IntPtr
00007f3c8f73bd08                    1          24
System.AppDomainPauseManager
00007f3c8f738ec8                    1          24
System.Collections.Generic.Dictionary`2+KeyCollection[[System.String, System.
Private.CoreLib],[System.Object, System.Private.CoreLib]]
00007f3c8f72a2d8                    1          24
System.Collections.Generic.NonRandomizedStringEqualityComparer
00007f3c8f7208c8         1          24 System.Boolean
00007f3c8ed7ab38         1          24 System.ConsolePal+<>c
00007f3c8ed7a180         1          24 System.Console+<>c
00007f3c8ed75168         1          24 MemoryLeak.SimpleObj
00007f3c8f6d7b68         1                     26
System.Globalization.CalendarId[]
00007f3c8ed77b48       383                   9192
MemoryLeak.MemoryLeaksClass
00007f3c8f6cdbd0        17           26136 System.Object[]
00007f3c8f6d0ff8        34           32576 System.Char[]
00007f3c8f6ceed0        21           39324 System.Int32[]
00007f3c8f6b1b68       765           48960 System.EventHandler
00007f3c8f71c3f8      1164          156422 System.String
Total 2930 objects
```

调试 9.3 第二个内存转储结果

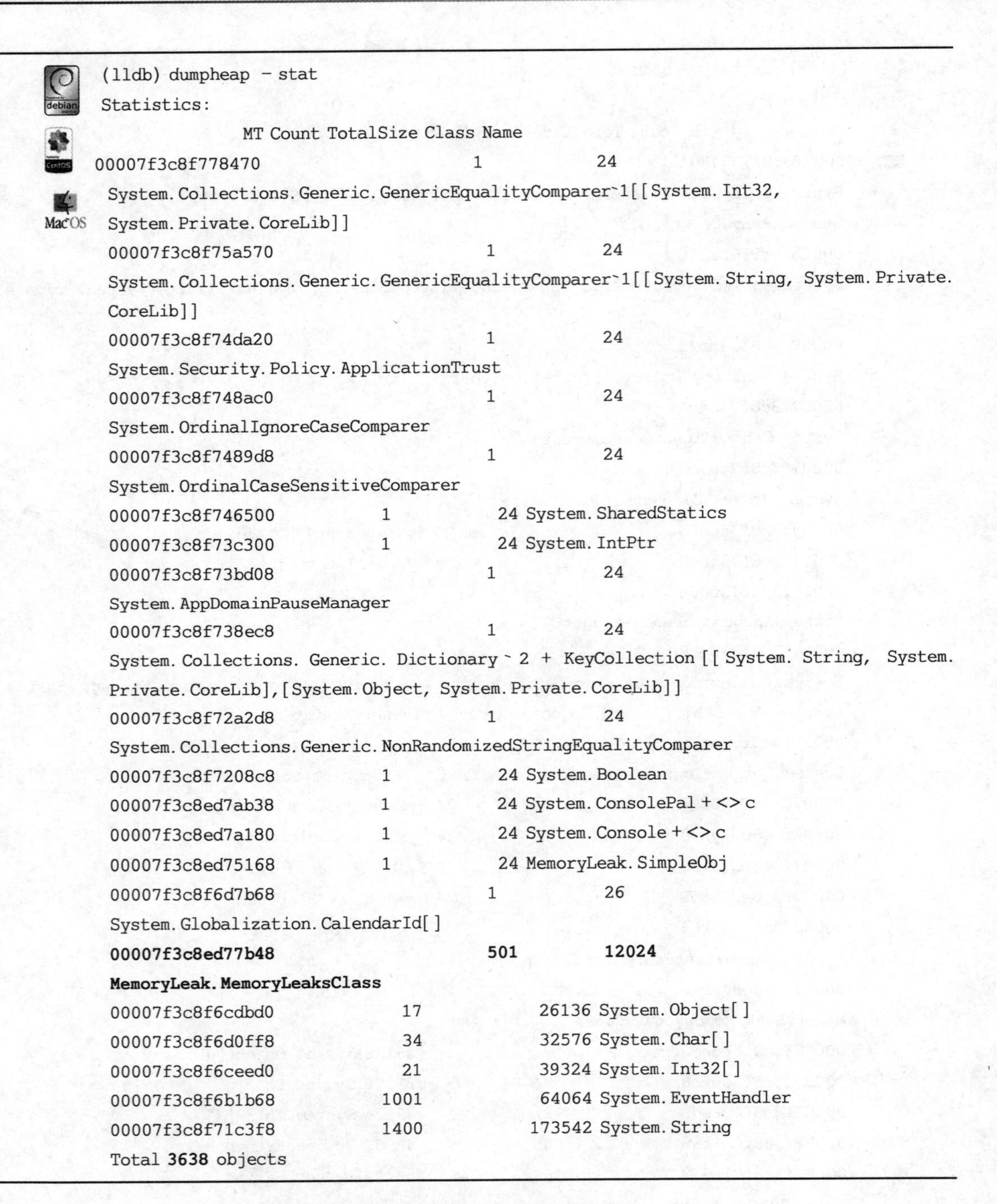

```
(lldb) dumpheap - stat
Statistics:
              MT Count TotalSize Class Name
00007f3c8f778470         1          24
System.Collections.Generic.GenericEqualityComparer`1[[System.Int32,
System.Private.CoreLib]]
00007f3c8f75a570         1          24
System.Collections.Generic.GenericEqualityComparer`1[[System.String, System.Private.
CoreLib]]
00007f3c8f74da20         1          24
System.Security.Policy.ApplicationTrust
00007f3c8f748ac0         1          24
System.OrdinalIgnoreCaseComparer
00007f3c8f7489d8         1          24
System.OrdinalCaseSensitiveComparer
00007f3c8f746500     1          24 System.SharedStatics
00007f3c8f73c300     1          24 System.IntPtr
00007f3c8f73bd08         1          24
System.AppDomainPauseManager
00007f3c8f738ec8         1          24
System.Collections.Generic.Dictionary`2+KeyCollection[[System.String, System.
Private.CoreLib],[System.Object, System.Private.CoreLib]]
00007f3c8f72a2d8         1          24
System.Collections.Generic.NonRandomizedStringEqualityComparer
00007f3c8f7208c8     1          24 System.Boolean
00007f3c8ed7ab38     1          24 System.ConsolePal+<>c
00007f3c8ed7a180     1          24 System.Console+<>c
00007f3c8ed75168     1          24 MemoryLeak.SimpleObj
00007f3c8f6d7b68         1          26
System.Globalization.CalendarId[]
00007f3c8ed77b48         501        12024
MemoryLeak.MemoryLeaksClass
00007f3c8f6cdbd0      17        26136 System.Object[]
00007f3c8f6d0ff8      34        32576 System.Char[]
00007f3c8f6ceed0      21        39324 System.Int32[]
00007f3c8f6b1b68    1001        64064 System.EventHandler
00007f3c8f71c3f8    1400       173542 System.String
Total 3638 objects
```

调试 9.4 第三个内存转储结果

从以上三个内存转储文件的托管内存对象统计数据中，不难看出 MemoryLeaksClass 对象的数量有显著的增长，并且占用的内存数量持续增加。由此可以做出一个判断，即应用程序内存的增长是由于 MemoryLeaksClass 对象的持续增加造成的。

下一步就是找出 MemoryLeaksClass 持续增加的原因了，进一步的调试只需要一个 LLDB 调试器即可完成。

在调试器中，根据 MemoryLeaksClass 的 MethodTable 的值查询当前内存中同类型的对象的全部地址，如调试 9.5 所示。

```
(lldb) dumpheap - mt 00007f3c8ed77b48
         Address               MT                    Size
00007f3c680291c8 00007f3c8ed77b48                     24
00007f3c6802cbf8 00007f3c8ed77b48                     24
00007f3c6802cd68 00007f3c8ed77b48                     24
00007f3c6802cee8 00007f3c8ed77b48                     24
00007f3c6802d030 00007f3c8ed77b48                     24
............
00007f3c680569a0 00007f3c8ed77b48                     24

Statistics:
              MT                    Count    TotalSize      Class Name
00007f3c8ed77b48                     501      12024
MemoryLeak.MemoryLeaksClass
Total 501 objects
```

调试 9.5 MemoryLeaksClass 对象地址

任意截取以上对象地址列表中的任意一个，查看一下这个对象，如调试 9.6 所示。

```
(lldb) dumpobj 00007f3c6802cd68
Name:          MemoryLeak.MemoryLeaksClass
MethodTable:    00007f3c8ed77b48
EEClass:         00007f3c8f996130
Size:              24(0x18) bytes
File:
/home/parallels/Documents/MemoryLeak/bin/Debug/netcoreapp2.0/MemoryLeak.dll
Fields:
None
```

调试 9.6 查看任意 MemoryLeak.MemoryLeaksClass 对象

从对象自身上看，看不到任何的问题。这个对象太过于简单了，甚至连数据成员都没有。于是需要再查看一下到底是谁在引用它，如调试 9.7 所示。

```
(lldb) gcroot 00007f3c6802cd68
Thread a39:
```

```
    00007FFEE865BA00 00007F3C8F9A086B
MemoryLeak.Program.Main(System.String[])
[/home/parallels/Documents/MemoryLeak/Program.cs @ 15]
        rbp - 28: 00007ffee865ba08
              -> 00007F3C680291B0 MemoryLeak.SimpleObj
              -> 00007F3C680569F8 System.EventHandler
              -> 00007F3C680422B0 System.Object[]
              -> 00007F3C6802CD80 System.EventHandler
              -> 00007F3C6802CD68 MemoryLeak.MemoryLeaksClass

Found 1 unique roots (run '!GCRoot -all' to see all roots).
```

调试 9.7　查看引用根

从引用关系上看，MemoryLeaksClass 是被 SimpleObject 对象以及 EventHandler 所引用。再来查看一下，到底是什么 EventHandler 在引用这个对象，如调试 9.8 所示。

```
(lldb) dumpobj 00007F3C680569F8
 Name:          System.EventHandler
MethodTable:    00007f3c8f6b1b68
EEClass:        00007f3c8ef23c88
Size:          64(0x40) bytes
File:
/usr/share/dotnet/shared/Microsoft.NETCore.App/2.0.3/System.Private.CoreLib.dll
Fields:
                MT        Field      Offset          Type VT       Attr
Value Name
00007f3c8f71c828      400020e       8           System.Object     0
instance 00007f3c680569f8 _target
00007f3c8f71c828      400020f       10          System.Object     0
instance 0000000000000000 _methodBase
00007f3c8f73c300      4000210       18          System.IntPtr     1
instance 00007F3C8F910660 _methodPtr
00007f3c8f73c300      4000211       20          System.IntPtr     1
instance 00007F3C8EF58678 _methodPtrAux
00007f3c8f71c828      400021b       28          System.Object     0
instance 00007f3c680422b0 _invocationList
00007f3c8f73c300      400021c       30          System.IntPtr     1
instance 00000000000001F5 _invocationCount
```

调试 9.8　查看 EventHandler 对象

在展开了 EventHandler 对象以后，发现这个对象的 InvocationCount 是 0x1F5，也就是十进制的 501。这与 DumpHeap 中查看到的 MemoryLeaksClass 对象的数量相吻合。也就是说，确实是这个 EventHandler 对象在引用引起程序内存泄漏的全部对象。

为了进一步验证这一点，可以通过查看 InvocationList 来进一步确认，如调试 9.9 所示。

```
(lldb) sos DumpArray 00007f3c680422b0
Name:          System.Object[]
MethodTable:   00007f3c8f6cdbd0
EEClass:       00007f3c8ef32550
Size:          4120(0x1018) bytes
Array:         Rank 1, Number of elements 512, Type CLASS
Element Methodtable: 00007f3c8f71c828
[0] 00007f3c68029240
[1] 00007f3c6802cc10
.......
[499] 00007f3c68056870
[500] 00007f3c680569b8
[501] null
[502] null
[503] null
(lldb) dumpobj 00007f3c68029240
Name:          System.EventHandler
MethodTable:   00007f3c8f6b1b68
EEClass:       00007f3c8ef23c88
Size:          64(0x40) bytes
File:
/usr/share/dotnet/shared/Microsoft.NETCore.App/2.0.3/System.Private.CoreLib.dll
Fields:
              MT      Field     Offset          Type VT     Attr
Value Name
00007f3c8f71c828     400020e      8        System.Object   0
instance 00007f3c680291c8 _target
00007f3c8f71c828     400020f      10        System.Object   0
instance 0000000000000000 _methodBase
00007f3c8f73c300     4000210      18        System.IntPtr   1
instance 00007F3C8F9A03B8 _methodPtr
00007f3c8f73c300     4000211      20        System.IntPtr   1
instance 0000000000000000 _methodPtrAux
00007f3c8f71c828     400021b      28        System.Object   0
instance 0000000000000000 _invocationList
00007f3c8f73c300     400021c      30        System.IntPtr   1
instance 0000000000000000 _invocationCount

(lldb) dumpobj 00007f3c680291c8
Name:          MemoryLeak.MemoryLeaksClass
MethodTable:   00007f3c8ed77b48
EEClass:       00007f3c8f996130
Size:          24(0x18) bytes
```

```
File:
/home/parallels/Documents/MemoryLeak/bin/Debug/netcoreapp2.0/MemoryLeak.dll
Fields:
None
```

调试 9.9　查看事件触发列表

EventHandler 对象的 InvocationList 中的成员是一个一个具体的事件委托对象，而这些委托对象里面_target 属性保存的正是 MemoryLeaksClass 类型的对象。

返回头再去看这个 EventHandler 对象和 SimpleObj 是什么关系。直接根据 gcroot 命令的结果查看 SimpleObj 对象，如调试 9.10 所示。

```
(lldb) dumpobj 00007F3C680291B0
Name:         MemoryLeak.SimpleObj
MethodTable:  00007f3c8ed75168
EEClass:      00007f3c8f992100
Size:         24(0x18) bytes
File:
/home/parallels/Documents/MemoryLeak/bin/Debug/netcoreapp2.0/MemoryLeak.dll
Fields:
              MT    Field   Offset                 Type VT     Attr
Value Name
00007f3c8f6b1b68  4000002        8       System.EventHandler  0
instance 00007f3c680569f8 SomethingCompleted
00007f3c8ed75168  4000001        8       MemoryLeak.SimpleObj  0
static 00007f3c680291b0 instance
(lldb) dumpobj 00007f3c680569f8
Name:         System.EventHandler
MethodTable:  00007f3c8f6b1b68
EEClass:      00007f3c8ef23c88
Size:         64(0x40) bytes
File:
/usr/share/dotnet/shared/Microsoft.NETCore.App/2.0.3/System.Private.CoreLib.dll
Fields:
              MT    Field   Offset                 Type VT     Attr
Value Name
00007f3c8f71c828  400020e        8       System.Object  0
instance 00007f3c680569f8 _target
00007f3c8f71c828  400020f       10        System.Object  0
instance 0000000000000000 _methodBase
00007f3c8f73c300  4000210       18        System.IntPtr  1
instance 00007F3C8F910660 _methodPtr
00007f3c8f73c300  4000211       20        System.IntPtr  1
instance 00007F3C8EF58678 _methodPtrAux
00007f3c8f71c828  400021b       28        System.Object  0
```

```
instance 00007f3c680422b0 _invocationList
00007f3c8f73c300        400021c       30          System.IntPtr     1
instance 00000000000001F5 _invocationCount
```

调试 9.10 查看 EventHandler 对象的 target 成员

从以上调试可以看出是 SimpleObj 对象具有一个 SomethingCompleted 事件，这个事件的 InvocationList 上挂接了 501 个 MemoryLeaksClass 对象，而且随着时间的推移，还有越来越多的 MemoryLeaksClass 对象挂接上来。

垃圾收集器自然是不会把还有引用根的对象作为垃圾进行处理的，于是形成了随着时间的推移有越来越多的 MemoryLeaksClass 对象被创建而没有被回收的情况。

9.2.3 Windows 下的内存泄漏调试

就 MemoryLeaksClass 应用程序而言，在 Windows 下调试的步骤与在 Linux 下调试的步骤差不多。基本的原理都是通过内存对象统计数据的比对，在多个内存转储文件中确认到底是哪些个对象(内存泄漏很可能不是一个对象引起的)有内存泄漏的情况。然后通过查找对象的引用根，找到谁在引用这些不能释放的对象。最后再来看这些对象为什么仍然被引用而没有在适当的时候被释放掉。

Windbg 下对 MemoryLeak 应用的相关调试命令与 LLDB 如出一辙。这里并不想过多地重复之前的内容。

本节要介绍的是 Windows 下一款可以自动分析和定位出内存泄漏的工具 DebugDiag。DebugDiag 最初是由微软 IIS 开发团队创建出来用于排查 IIS 服务错误的一款调试工具。这款工具非常易用，因此得到了广泛的欢迎，进而变成了一款非常受广大开发者欢迎的通用工具。DebugDiag 的下载地址：

https://www.microsoft.com/en-us/download/details.aspx?id=49924

DebugDiag 由 DebugDiag Collection、DebugDiag Analysis 等多个工具组成，其中 DebugDiag Collection 用来抓取内存转储文件，而 DebugDiag Analysis 用来帮助分析内存转储文件。

在抓取内存转储文件时，先启动 MemoryLeak 应用程序，再启动 DebugDiag Collection 工具。在 Collection 工具的进程列表中，首先需要通过鼠标右击 dotnet 进程，将内存监控工具进行注入，如图 9.6 所示。

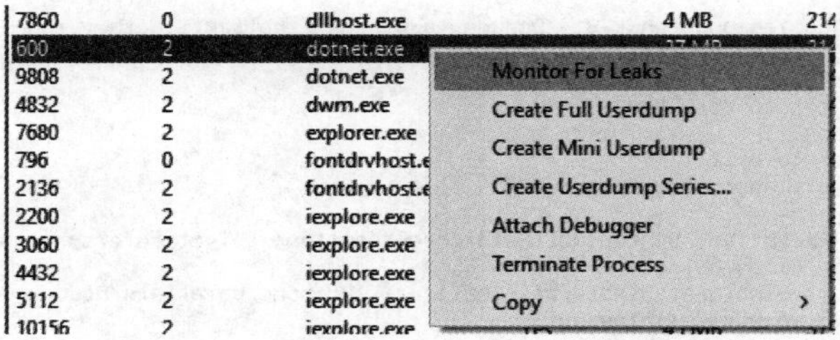

图 9.6 开启内存监控

在提示完成之后，可以随着时间的进展，抓取三个内存转储文件。右击鼠标，选择“Create Full Userdump”选项。

在内存转储文件生成之后，即可打开 DebugDiag Analysis 工具。在工具中需要按照次序加载刚刚生成的三个内存转储文件，并通过勾选图 9.7 中的内存分析选项进行内存分析。

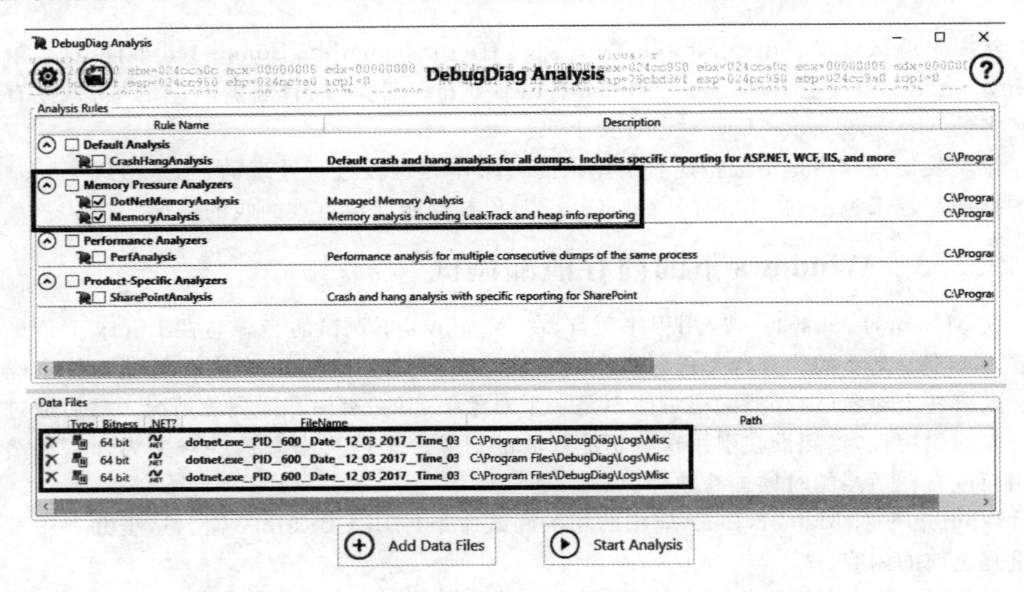

图 9.7　内存分析设置

单击“Start Analysis”按钮之后，开始自动化的内存分析操作，并最终定位内存泄漏问题。

很遗憾，这个工具目前仅支持 Windows 操作系统平台。Linux 和 macOS 的内存转储文件无法进行分析。

9.3　Finalizer 队列调试

虽然 Finalizer 队列没有可编程的地方，但是如果不小心地处理析构函数，会导致应用程序挂起或应用程序崩溃。下面来调试一下 CrashAtFinalizer 这个例子，如图 9.8 所示：

```
parallels@debian-gnu-linux-8:~/Documents/CrashAtFinalizer$ dotnet run
Simple object constructed.
Do something.
Simple object constructed.
Do something.
Press Enter to exit.
Simple object deconstructing.

Unhandled Exception: System.NullReferenceException: Object reference not set to
an instance of an object.
   at CrashAtFinalizer.SimpleObj.Finalize() in /home/parallels/Documents/CrashAt
Finalizer/SimpleObj.cs:line 20
```

图 9.8　CrashAtFinalizer

从图9.8可以看到，应用程序在运行不久即遇到崩溃的情况。崩溃后，应用程序显示了完善的崩溃信息，包括崩溃的代码行数。遇到这种情况，其实没有什么需要调试的，直接翻查源代码即可解决问题，如代码9.4所示。

```
~SimpleObj()
{
    Console.WriteLine("Simple object deconstructing.");
    throw new NullReferenceException();
}
```

代码9.4　Finalizer函数

在上面代码中，可以看到SimpleObj对象的析构函数中抛出了NullReferenceException异常。正是由于这个异常导致了应用程序崩溃。Finalizer线程是很脆弱的，自己没有异常保护机制，一旦程序员编写的代码出现异常，就会导致Finalizer线程崩溃。

其实，即使不抛出异常，如果析构函数中含有大量需要执行的代码，也会拖慢应用程序的运行，甚至还有可能导致应用程序出现挂起的现象。因为Finalizer能顺序执行每个在队列中的垃圾对象的析构函数，一旦有函数出现阻塞的情况，整个垃圾收集器的效率都会被拖慢。

读者有兴趣的话，可以把异常代码注释掉，在析构函数里调用sleep函数让Finalizer线程挂起10秒，再观察应用程序运行的效果。

在应用程序的Main函数中，有一个循环，i值设定为20000，有兴趣的读者可以测试一下i值为2的情况下，是否还有异常抛出？

Finalizer队列既然如此脆弱，而且没有专门编写析构函数的对象看起来也没什么必要被放到Finalizer队列中。.NET Core提供了GC.SuppressFinalize方法来通知垃圾收集器不要把这个对象再放入Finalizer队列中，以提高垃圾收集效率。因为这样一来，这个不需要放入Finalizer队列的对象就可以在垃圾收集器下一次启动时被直接回收。如果不调用GC.SuppressFinalize方法，那么垃圾收集器下一次启动时会先把对象放入Finalizer队列，等下下次启动时再看这个方法是否已经完成了对析构函数的调用，如果完成了析构函数的调用，再把内存清除。这涉及一个对象需要垃圾收集器启动几次才能被完全回收的问题。

本章尽量以极简短的语言对.NET Core内存管理和垃圾收集机制进行了描述。并给出了诊断内存泄漏的基本方法。对于垃圾收集器来说，它有自己的运行节律，程序员无法控制它何时启动，但可以通过精巧的代码书写降低垃圾收集器启动的次数。垃圾收集器对应用程序运行效率的影响体现在垃圾收集器在进行内存整理时应用程序会被挂起，以及Finalizer队列上的对象只能单线程地调用析构函数。

后　记

书写到这里,还有意犹未尽的感觉。因为调试这件事本身就是一个解谜的过程。真实的生产场景中会遇到千奇百怪的现象,无法在书中逐一列举。如何剖析这些现象,看到出现问题的本质,就是调试这件事的终极意义。

学好调试不是一件容易的事情,一方面,需要对应用程序运行原理有深入的理解和掌握;另一方面需要对调试工具和调试命令运用纯熟。这是一个长期培养的过程,遇到的调试场景多了,自然就知道一些问题该怎样着手去调试了。调试的秘诀就是勤学、多练。多学习一些最佳实践和原理性的知识,多找一些场景进行调试练习。

介绍调试的书籍本身就比较少,介绍.NET Core 调试的书籍就更少了,除了这本书以外,还有多年前的一本《.NET 高级调试》(Mario Hewardt)。因此,要学好.NET Core 调试,还需要读者多多关注以下网站:

- https://docs.microsoft.com/en-us/dotnet/core/
- http://www.github.com/dotnet/coreclr
- http://www.github.com/dotnet/corefx
- http://www.github.com/dotnet/standard

当然,对于.NET Core 调试还有很多衍生话题。例如,ASP.NET Core 应用程序如何监控?这其实属于 APM(Application Performance Monitoring)范畴,微软推出了 APM 工具 Application Insight 来支持应用程序性能采样和分析。这超出了本书的范畴,如果读者有兴趣,可以访问 https://docs.microsoft.com/en-us/azure/application-insights/app-insights-asp-net-core 了解详情。

再次感谢尊敬的读者对本书的支持和阅读!